博碩文化

博碩文化

博碩文化

瘋ChatGPT

顛覆未來，
OpenAI翻轉人工智慧新紀元

ChatGPT具備了類人的邏輯、思考與溝通的能力，
且具備了一定的記憶能力，能夠進行連續對話
成為目前史上用戶量增長速度最快的消費級應用程式，
月活用戶量已經突破了1億

Kevin Chen ｜陳根｜ 著

作　　者：Kevin Chen（陳根）
責任編輯：林楷倫

董　事　長：陳來勝
總　編　輯：陳錦輝

出　　版：博碩文化股份有限公司
地　　址：221 新北市汐止區新台五路一段 112 號 10 樓 A 棟
　　　　　電話 (02) 2696-2869　傳真 (02) 2696-2867

發　　行：博碩文化股份有限公司
郵撥帳號：17484299　戶名：博碩文化股份有限公司
博碩網站：http://www.drmaster.com.tw
讀者服務信箱：dr26962869@gmail.com
訂購服務專線：(02) 2696-2869 分機 238、519
（週一至週五 09:30 ～ 12:00；13:30 ～ 17:00）

版　　次：2023 年 3 初版一刷
　　　　　2023年4月初版七刷

建議零售價：新台幣 390 元
I S B N：978-626-333-410-6
律師顧問：鳴權法律事務所 陳曉鳴律師

本書如有破損或裝訂錯誤，請寄回本公司更換

國家圖書館出版品預行編目資料

瘋 ChatGPT：顛覆未來，OpenAI 翻轉人工
　智慧新紀元 / Kevin Chen(陳根) 著 . -- 初
　版 . -- 新北市：博碩文化股份有限公司，
　2023.03
　面；　公分

ISBN 978-626-333-410-6(平裝)

1.CST: 人工智慧 2.CST: 機器人

312.83　　　　　　　　　　112002187

Printed in Taiwan

博碩粉絲團　　歡迎團體訂購，另有優惠，請洽服務專線
　　　　　　　(02) 2696-2869 分機 238、519

Preface
前言

從 2022 年末到了 2023 年初，ChatGPT 火遍了全網。

2022 年 12 月 1 日，OpenAI 發佈了新模型 ChatGPT，由於 ChatGPT 的能力過於驚豔，因此，僅上線 5 天，ChatGPT 就吸引了 100 萬用戶。推出僅僅兩個月後，ChatGPT 的月活躍用戶就已經達到 1 億人次，成為歷史上用戶增長最快的消費應用。作為對比，根據 Sensor Tower 的資料，海外版抖音 TikTok 在全球發佈後，花了大約 9 個月的時間才達到月活躍用戶 1 億人，Instagram 則花了兩年半的時間。

ChatGPT 之所以能夠實現用戶的爆發式增長，歸根到底還是因為 ChatGPT 前所未有的產品能力，它具有成熟乃至驚人的理解和創作能力：除了寫程式、寫劇本、詞曲創作之外，ChatGPT 還可以與人類對答如流，並且充分體現出自己的辯證分析能力。ChatGPT 甚至還敢質疑不正確的前提和假設、主動承認錯誤以及一些無法回答的問題、主動拒絕不合理的問題。要知道，在 ChatGPT 以前，再多的人工智慧產品也是虛有其表。

更重要的是，ChatGPT 的成功，證明了大模型技術路線的正確性。這意謂著，人工智慧終於能從之前的大數據統計分類階段，走向了今天具備類人邏輯溝通的階段，並且人工智慧在其強大的學習能力之下，進化速度將會超出我們的預料。

　　基於大模型的技術路線，ChatGPT 就像一個通用的任務助理，能夠和不同行業結合，衍生出很多應用的場景。可以說，ChatGPT 為通用人工智慧打開了一扇大門，真正讓人工智慧落了地。對於 ChatGPT，馬斯克感歎「我們離強大到危險的人工智慧不遠了」，比爾‧蓋茲則表示，聊天機器人 ChatGPT 的重要性不亞於網際網路的發明。

　　ChatGPT「一夜竄紅」，也迅速在全球範圍內掀起一股衝擊波，引爆了中國、美國人工智慧產業，人工智慧公司全面入局，並引發資本市場震盪。先是 ChatGPT 變現方案浮出水面，付費訂閱版 ChatGPT Plus 每月收費 20 美元。隨後，微軟放出消息表示擴大與 ChatGPT 母公司 OpenAI 的合作夥伴關係，包括逐步落實 100 億美元新投資，將旗下所有產品全線整合進 ChatGPT 等等。另外，2023 年 2 月 8 日，Google 也宣佈發佈實驗性 AI 服務 Bard。

　　在中國，由於暫時沒有「中國版 ChatGPT」，因此，中國的網際網路科技巨頭們，也都紛紛踏上了尋找「中國版 ChatGPT」之路。2023 年 2 月 7 日，百度官方宣佈推出類 ChatGPT 應用、自然語言處理大模型新專案「文心一言」（ERNIE Bot），將於三月份完成內測，面向公眾開放；2 月 8 日晚，1.89 兆市值的網際網路巨頭阿里巴巴確認，該公司正在研發阿里版聊天機器人 ChatGPT，目前處於內測階段。

　　除了在商業資本市場引起震動，ChatGPT 也衝擊著人類本身，關於「ChatGPT 能否取代人類」「ChatGPT 倫理問題」隨之而來。其實，任何一項新技術，尤其是革命性的技術出現，都會引發爭論。客觀來看，人工智慧時代是一種必然的趨勢，只是 ChatGPT 讓我們想像中的人工智慧時代離我們更近了。在很多人還沒有準備好迎接的情況下，一下子就來

了，並且能夠真正的幫助我們處理工作，不僅是能幫助我們處理工作，還能處理的比我們人類更好。

　　ChatGPT 實現了人工智慧從量變到質變的過程，一場新的 AI 革命已經到來——本書正是立基於此，以 ChatGPT 為主題，介紹了 ChatGPT 的誕生和爆發，以及 ChatGPT 成功背後的技術路線；對 ChatGPT 帶來的商業衝擊進行了細緻分析，涉及 OpenAI、微軟、Google、百度、騰訊、阿里巴巴等在全球範圍內廣受關注的網際網路科技巨頭，ChatGPT 在資本市場造成的震盪也讓我們進一步體會到 ChatGPT 所具有的變革力量；同時，本書還進行了關於「ChatGPT 對社會帶來何種衝擊」的探討，ChatGPT 的出現，預示著一個真正的人工智慧時代已經開啟，人機協作的時代正在加速到來。本書文字表達通俗易懂，易於理解，富於趣味，內容上深入淺出，循序漸進，能幫助讀者瞭解突然爆發的 ChatGPT，並在紛繁的資訊中梳理出認識人工智慧行業變革以及即將到來的通用人工智慧時代的線索。

　　人工智慧不僅是當今時代的科技標籤，它所引導的科技變革更是在雕刻著這個時代，而我們需要有所準備。

Contents
目錄

Chapter 1 ChatGPT，爆紅了

Chapter 2 通用 AI，奇點將近

Chapter 3 ChatGPT 商業激戰

Chapter **4　尋找中國的 ChatGPT**

Chapter **5　ChatGPT 革了誰的命**

Chapter **6** 人類準備好了嗎？

Chapter **1**

ChatGPT，爆紅了

1.1 橫空出世的 ChatGPT

從 2022 年末到了 2023 年初，由 OpenAI 公司打造的 ChatGPT 紅遍了全球網路，一躍成為人工智慧（AI）領域的現象級應用。

由於 ChatGPT 的能力過於驚豔，發佈僅僅五天，註冊用戶數量就超過了 100 萬，當年的 Facebook 用了 10 個月才達到這個「里程碑」。根據瑞銀的報告，ChatGPT 推出僅兩個月──2023 年 1 月末，月活用戶量已經突破了 1 億，成為史上用戶量增長速度最快的消費級應用程式。

那麼，這個橫空出世的 ChatGPT 究竟是什麼東西？怎麼突然就紅了呢？

1.1.1 六邊形 AI 戰士

ChatGPT 是由 OpenAI 公司發佈的最新一代的 AI 語言模型，是自然語言處理（Natural Language Processing，NLP）中一項引人矚目的成果。這款 AI 語言模型，與過去那些智慧語音助手的回答模式有很大的不同──ChatGPT 呈現了出乎意外的「聰明」。跟當前市面上的一些人工智慧客服相比較，ChatGPT 從「人工娛樂」真正觸及了人工智慧，具有了我們期待的模樣。很多人形容它是一個真正的「六邊形 AI 戰士」──不僅能聊天、搜尋、翻譯，撰寫詩詞、論文和程式碼不在話下，還能開發小遊戲、作答美國高考題，甚至能做科學研究、當醫生等。外媒評論稱，ChatGPT 會成為科技行業的下一個顛覆者。

GPT 英文全稱為「Generative Pre-trained Transformer（生成式預訓練轉換器）」，是一種基於網際網路可用資料訓練的文字生成深度學習模

型。ChatGPT「脫胎」於 OpenAI 在 2020 年發佈的 GPT-3，任何外行人都可以使用後者，在幾分鐘內提供範例，並獲得所需的文字輸出。

GPT-3 剛問世時，也引起了轟動。其展示出了包括答題、翻譯、寫作，甚至是數學計算和編寫程式等多種能力。由 GPT-3 所寫的文章幾乎達到了以假亂真的程度。在 OpenAI 的測試中，人類評估人員也很難將 GPT-3 生成的新聞與人類寫的做區分。

GPT-3 被認為是當時最強大的語言模型，但現在，ChatGPT 模型看起來似乎更強大。ChatGPT 能進行天馬行空的長對話，可以回答問題，還能根據人們的要求撰寫各種書面材料，如商業計畫書、廣告宣傳材料、詩歌、笑話、電腦程式和電影劇本等。簡單來說，ChatGPT 具備了類人的邏輯、思考與溝通的能力，並且它的溝通能力在一些領域表現得相當驚人，能與人進行堪比專家級的對話。

ChatGPT 還能進行文學創作。比如，給 ChatGPT 一個話題，它就可以寫出小說框架。比如用戶讓 ChatGPT 以「AI 改變世界」為主題寫一個小說框架時，ChatGPT 清晰地給出了故事背景、主角、故事情節和結局。如果一次沒有寫完，ChatGPT 還能在「提醒」之下，繼續寫作，補充完整。ChatGPT 已經具備了一定的記憶能力，能夠進行連續對話。有用戶在體驗 ChatGPT 之後評價稱，ChatGPT 的語言組織能力、文字水準、邏輯能力，可以說已經令人感到驚豔了。甚至已經有用戶打算把日報、週報、總結這些文字工作，都交給 ChatGPT 來輔助完成。

普通的文字創作只是最基本的。ChatGPT 還能給程式設計師的程式碼找 Bug。一些程式設計師在試用中表示，ChatGPT 針對他們的技術問題提供了非常詳細的解決方案，比一些搜尋軟體的回答還要可靠。美國

代碼託管平台 Replit 首席執行官 Amjad Masad 在推特發文稱，ChatGPT 是一個優秀的「除錯夥伴」，「它不僅解釋了錯誤，而且能夠修復錯誤，並解釋修復方法」。

在商業邏輯方面，ChatGPT 不僅非常瞭解自己的優劣勢，可以為自己進行競品分析、撰寫行銷報告，就連世界經濟形勢也「瞭若指掌」，能説出自己的見解。

ChatGPT 還敢於質疑不正確的前提和假設，主動承認錯誤以及一些無法回答的問題，主動拒絕不合理的問題，提升了對用戶意圖的理解，提高了答題的準確性。

1.1.2 ChatGPT 並不完美

雖然 ChatGPT 模型與 GPT-3 模型相比，性能又提高了一個層次，但 ChatGPT 依然有不完美的地方。

實際上，ChatGPT 和 GPT-3 類似人類的輸出和驚人的通用性只是優秀技術的結果，而不是真正的「聰明」。不管是過去的 GPT-3 還是現在的 ChatGPT，仍然都會犯一些可笑的錯誤，尤其是文化常識問題、數學計算題等。而且，ChatGPT 的回答往往是大段的，過於冗長，看似邏輯自相容，但有時卻是在一本正經的「亂寫」。這也是這一類方法難以避免的弊端，因為它在本質上只是透過概率最大化不斷生成資料而已，而不是透過邏輯推理來生成回覆。

雖然這種創編在有些領域可能是非常有用的，很多遊戲開發者、科幻小説家、美術工作者就經常用 AI 來啟發自己的思路，但這對於需要準

確回答具體問題的應用場景來說卻是「致命傷」。如果非專業人士無法分辨 ChatGPT 的答案的準確性，極有可能會被嚴重誤導。可以想像，一台內容創作成本接近於零，正確率約 80%，對非專業人士的迷惑程度接近 100% 的巨型機器，用以人類寫作千百萬倍的產出速度接管所有的百科全書編撰工作，回答所有的問題，這對人們認知的危害將是巨大的。

為此，ChatGPT 也遭到了一些機構的禁止。比如，Stack Overflow（一個與程式相關的 IT 技術問答網站）暫時禁止 ChatGPT 的原因很簡單，因為它生成的答案正確率太低，發佈由 ChatGPT 創建的答案對網站和查詢正確答案的用戶來說是非常有害的。頂級人工智慧會議也開始禁止使用 ChatGPT 和 AI 工具撰寫學術論文。國際機器學習會議 ICML 認為，ChatGPT 這類語言模型雖然代表了一種未來的發展趨勢，但隨之而來的是一些意想不到的後果以及難以解決的問題。ICML 表示，ChatGPT 接受公共資料的訓練，這些資料通常是在未經同意的情況下收集的，出了問題難以找到負責的物件。

ChatGPT 除提供的結果不夠準確外，還無法引用資訊來源；它幾乎完全不知道 2021 年以後發生的事情。雖然它提供的結果通常足夠流暢，在高中甚至大學課堂上可以過關，但無法像人類專家的表述那樣，做到字斟句酌。

人們似乎對智慧的標準很低。如果某樣東西看起來很聰明，我們就很容易自欺欺人地認為它是聰明的。ChatGPT 和 GPT-3 在這方面是一個巨大的飛躍，但它們仍然是人類製造出來的工具。

由於當前的 ChatGPT 只是基於 2021 年與之前的資料進行訓練的，再者使用的範圍不大，存在一些知識盲區，或者是會出現一些對話的笑

話，這也是在情理之中。但是隨著大規模的使用者對話訓練，以及大規模的資料更新，ChatGPT 將會以超出我們想像的速度進化。

1.1.3　2023 年的決定性技術

六邊形也好，不完美也罷，作為人工智慧領域的現象級應用，ChatGPT 已經登上了歷史舞台，開始進入甚至影響人們的生活。從矽谷科技巨頭，到一二級資本市場，對其感興趣的人都在討論 ChatGPT 及 AI 技術的未來發展及所帶來的影響。

其實，ChatGPT 上線之初，主要還是在 AI 圈和科技圈引起反響。2023 年春節後，其熱度持續升溫；2023 年 2 月，關於 ChatGPT 的重要消息明顯增多。人們發現 ChatGPT 可以輕鬆撰寫文案、程式碼，涉及歷史、文化、科技等諸多領域，甚至通過了 Google 年薪為 18.3 萬美元的編碼三級工程師崗位面試。網際網路上鋪天蓋地都是關於 ChatGPT 的資訊。

瑞銀集團發佈的報告顯示：2023 年 1 月，ChatGPT 平均每天有約 1300 萬名獨立訪客，這一數量是 2022 年 12 月的兩倍。截至 2023 年 1 月末，ChatGPT 月活用戶量已突破 1 億。ChatGPT 創造了新的使用者增長速度紀錄 —— 相比之下，也曾被稱為火爆的 Iinstagram，達到 1 億的用戶數用時兩年半。

2023 年 2 月 2 日，微軟宣佈旗下所有產品全線整合 ChatGPT。預計在 3 月，ChatGPT 將內建於 Bing 搜尋；百度將在 3 月推出基於 ChatGPT 的生成式搜尋；英國《自然》雜誌不再支援 AI 工具列為作者的論文；數位媒體公司 Buzzfeed 計畫使用 OpenAI 的 AI 技術來協助創作

個性化內容；美國賓夕法尼亞大學稱 ChatGPT 能夠通過該校工商管理碩士專業課程的期末考試；OpenAI 宣佈開發了一款 AI Texl Classifier 鑑別器工具，目的是説明使用者分辨文字是否由 ChatGPT AI 生成。

從資本市場來看，ChatGPT 的爆紅推動了 AI 相關公司股價上漲。春節後的中國 A 股第一周開市，ChatGPT、AIGC 等概念表現活躍，相關個股連續上漲。Wind 資料顯示：2023 年 2 月 3 日，ChatGPT 指數上漲 5.56%，周漲幅達 30.18%。領漲的概念股包括賽為智能、海天瑞聲、雲從科技、初靈信息和漢王科技等，周漲幅高達 60% ～ 70%。如漢王科技，儘管此前預告其 2022 年的淨利潤預計為 -1.4 億元至 -9800 萬元，但藉助 ChatGPT 的概念，依舊不妨礙其出現連續漲停——春節後已經收穫了 5 個漲停板。

一些上市公司積極回覆投資者在相關領域的佈局，如捷成股份表示，公司參股子公司世優科技的虛擬數位人（以下簡稱「數位人」）已經接入 ChatGPT，透過數位人的人設背景等相關資料集，並基於 OpenAI 來訓練數位人專有大腦形成個性化模型。百度宣佈將在 3 月發佈類 ChatGPT 的產品，阿里巴巴達摩院稱正在研發類 ChatGPT 的產品。

據測算，基於 1 億名用戶，以每月 20 美元計算，ChatGPT 年收入將超過 200 億美元。經估算，ChatGPT 在全球有超過 10 億名的潛在使用者，市場規模將超過 2000 億美元。ChatGPT 的收費模式如能成功，對於投資者而言，將是巨大的利潤前景。

如今，與 ChatGPT 相關的概念公司眾多。據 CB Insights 統計，ChatGPT 概念領域目前約有 250 家初創公司，其中 51% 的融資進度在 A 輪或天使輪。2022 年，ChatGPT 和生成式 AI（AIGC）領域「吸金」

超過 26 億美元，共誕生 6 家獨角獸企業，估值最高的就是 290 億美元的 OpenAI。

2023 年 2 月 10 日，比爾·蓋茲在接受採訪時表示，像 ChatGPT 這樣的人工智慧的興起，與網際網路的誕生或個人電腦的發展一樣重要。不同於元宇宙出現時帶來的概念炒作狂潮，ChatGPT 才出現兩個月，已經引發了關於人類社會生產和生活的真正變革的話題潮，關鍵就在於這是一次人工智慧技術真正走向智慧化的突破與應用。

1.2　ChatGPT 是如何煉成的？

ChatGPT 看起來又強大又聰明，會創作，還會寫程式。它在多個方面的能力都遠遠超過了人們的預期。那麼，ChatGPT 是怎麼變得這麼強的？它的各種強大的能力到底從何而來？

1.2.1　出色的 NLP 模型

強悍的功能背後，技術並不神秘。本質上，ChatGPT 是一個出色的 NLP 新模型。說到 NLP，大多數人先想到的是 Alexa 和 Siri 這樣的語音助手，因為 NLP 的基礎功能就是讓機器理解人類的輸入，但這只是技術的冰山一角。NLP 是人工智慧（AI）和機器學習（ML）的子集，專注於讓電腦處理和理解人類語言。雖然語音是語言處理的一部分，但 NLP 最重要的進步在於它對書面文字的分析能力。

ChatGPT 是一種基於 Transformer 模型的預訓練語言模型。它透過巨大的文字語料庫進行訓練，學習自然語言的知識和語法規則。在被人

們詢問時，它透過對詢問的分析和理解，生成回答。Transformer 模型提供了一種平行計算的方法，使得 ChatGPT 能夠快速生成回答。

　　Transformer 模型又是什麼呢？這就需要從 NLP 的技術發展歷程來看，在 Transformer 模型出現以前，NLP 領域的主流模型是迴圈神經網路（RNN），再加入注意力機制（Attention）。迴圈神經網路模型的優點是，能更好地處理有先後順序的資料，如語言；而注意力機制就是讓 AI 擁有理解上下文的能力。但是，RNN + Attention 模型會讓整個模型的處理速度變得非常慢，因為 RNN 是一個詞接一個詞進行處理的，並且，在處理較長序列，如長文章、書籍時，存在模型不穩定或者模型過早停止有效訓練的問題。

　　2017 年，Google 大腦團隊在神經資訊處理系統大會上發表了一篇名為 Attention is all you need（《自我注意力是你所需要的全部》）的論文，該文首次提出了基於自我注意力機制（self-attention）的變換器（transformer）模型，並首次將其用於 NLP。相較於此前的 RNN 模型，2017 年提出的 Transformer 模型能夠同時並行進行資料計算和模型訓練，訓練時長更短，並且訓練得出的模型可用語法解釋，也就是模型具有可解釋性。

　　這個最初的 Transformer 模型，一共有 6500 萬個可調參數。Google 大腦團隊使用了多種公開的語言資料集來訓練這個最初的 Transformer 模型。這些語言資料集包括 2014 年英語—德語機器翻譯研討會（WMT）資料集（有 450 萬組英德對應句組），2014 年英語—法語機器翻譯研討會資料集（有 3600 萬組英法對應句組），以及賓夕法尼亞大學樹庫語言資料集中的部分句組（分別取了庫中來自《華爾街日報》的 4

萬個句子，以及另外的 1700 萬個句子）。而且，Google 大腦團隊在文中提供了模型的架構，任何人都可以用其搭建類似架構的模型，並結合自己手上的資料進行訓練。

經過訓練後，這個最初的 Transformer 模型在翻譯準確度、英語成分句法分析等各項評分上都達到了業內第一，成為當時最先進的大型語言模型。ChatGPT 使用了 Transformer 模型的技術和思想，並在其基礎上進行擴展和改進，以更好地適用於語言生成任務。正是基於 Transformer 模型，ChatGPT 才有了今天的成功。

1.2.2　巧婦難為無米之炊

當然，單有語言模型沒有資料，是「巧婦難為無米之炊」。因此，基於 Transformer 模型，ChatGPT 的開發者們展開大量的資料訓練。

在 ChatGPT 出現以前，OpenAI 已經推出了 GPT-1、GPT-2、GPT-3。雖然前幾代聲量不大，但模型都是極大的。

GPT-1 具有 1.17 億個參數，OpenAI 使用了經典的大型書籍文字資料集進行模型預訓練。該資料集包含超過 7000 本從未出版的書稿，涵蓋冒險、奇幻等類別。在預訓練之後，OpenAI 針對問答、文字相似性評估、語義蘊含判定及文字分類這四種語言場景、使用不同的特定資料集對模型進一步訓練。最終形成的模型在這四種語言場景下，都取得了比基礎 Transformer 模型更好的結果，成為新的業內第一。

2019 年，OpenAI 公佈了一個具有 15 億個參數的模型：GPT-2。該模型架構與 GPT-1 原理相同，主要區別是 GPT-2 的規模更大。不出意料，GPT-2 模型刷新了大型語言模型在多項語言場景下的評分記錄。

　　而 GPT-3 的整個神經網路更是達到了驚人的 1750 億個參數。除規模大了整整兩個數量級外，GPT-3 的模型架構與 GPT-2 的沒有本質區分。不過，就是在如此龐大的資料訓練下，GPT-3 模型已經可以根據簡單的提示自動生成完整的文字從字順的長文章，讓人幾乎不敢相信這是機器的作品。GPT-3 還會寫程式碼、創作菜譜等幾乎所有的文字創作類的任務。

　　從 GPT-1 到 GPT-2，再到 GPT-3，儘管 ChatGPT 的相關資料並未被公開，但可以想像，ChatGPT 的訓練資料只會更多。

1.2.3　集優勢之大成

　　特別值得一提的是，ChatGPT 與 GPT-3 是有所不同的。2022 年 3 月，ChatGPT 的開發公司 OpenAI 發表了論文 raining language models to follow instructions with human feedback（《結合人類回饋資訊來訓練語言模型使其能理解指令》），並推出了 ChatGPT 所使用的 —— 基於 GPT-3 模型並進行了進一步微調的 InstructGPT 模型。在 InstructGPT 的模型訓練中，加入了人類的評價和回饋資料，而不僅僅只是事先準備好的資料集。也就是説，區別於 GPT-3 透過海量學習資料進行訓練，在 ChatGPT 中，人對結果的回饋成了 AI 學習過程中的一部分。

　　在 GPT-3 公測期間，使用者提供了大量的對話和提示語資料；而 OpenAI 公司內部的資料標記團隊也生成了不少的人工標記資料集。這些標註過的資料，可以説明模型在直接學習資料的同時學習人類對這些資料的標記。於是，OpenAI 就利用了這些資料對 GPT-3 所採用的監督式訓練進行了微調。

隨後，OpenAI 收集了微調過的模型生成的答案樣本。一般來說，對於每一條提示語，模型都可以給出無數個答案，而人們一般只想看到一個答案，模型需要對這些答案排序，選出最佳的。所以，資料標記團隊在這一步對所有可能的答案進行人工評分排序，選出最符合人類思考交流習慣的答案。這些人工評分的結果可以進一步建立獎勵模型——自動給語言模型獎勵回饋，達到鼓勵語言模型給出好的答案、抑制給出不好的答案的目的，說明模型自動尋出最佳的答案。

最後，該團隊使用獎勵模型和更多的標註過的資料繼續優化微調過的語言模型，並且進行迭代，最終得到的模型就是 InstructGPT。

簡單來說，OpenAI 於 2020 年發佈的 GPT-3，讓電腦第一次擁有了惟妙惟肖地模仿人類「說話」的能力。但是，當時的 GPT-3 的觀點和邏輯常常出現錯誤和混亂，OpenAI 因此引入了人類監督員，專門「教」AI 如何更好地回答人類提出的問題。當 AI 的回答符合人類評價標準時，就打高分，否則就打低分。這使得 AI 能夠按照人類價值觀優化資料和參數。

集合了所有優勢之大成，ChatGPT 果然展示出了前所未有的強大功能，一舉成為 AI 領域的現象級應用。

1.3 「ChatGPT+」無所不能

ChatGPT 問世不到兩個月就吸引了無數人的目光，它基於大型語言訓練模型給出的結果幾乎橫掃人工智慧界。ChatGPT 的熱度，讓人們感受到了 AI 帶來的便利，很快就衍生出了「ChatGPT+」效應。

1.3.1 疊加 buff 的 ChatGPT

所謂的「ChatGPT+」效應，其實就是 ChatGPT 模型和其他人工智慧程式的「組合拳」。其中一個例子就是 WolframAlpha 和 ChatGPT 的結合。

Wolfram Alpha 問答系統由 Wolfram 語言之父史蒂芬·沃爾夫勒姆開發在沃爾夫勒姆看來，世界是可計算的。因此，他試圖做的是：只要你能描述出來想要什麼，然後電腦儘量去理解意思，並盡最大努力去執行。為了完成這一目標，沃爾夫勒姆創造了以他自己名字命名的 Wolfram 語言和計算知識搜尋引擎 Wolfram Alpha。

2023 年 1 月 9 日，史蒂芬·沃爾夫勒姆發表了一篇文章，比較了 ChatGPT 和十四歲的 WolframAlpha 問答系統，想讓兩者組合起來。

要知道，雖然 ChatGPT 在創作文字上表現出了驚人的能力，但其數學能力不予置評，連小學生都會的「雞兔同籠」問題和簡單的加減乘除都可能算錯。而 Wolfram Alpha 問答系統恰巧是理工科神器，ChatGPT 和 Wolfram Alpha 問答系統的結合，能實現完美互補。

WolframAlpha 於 2009 年 5 月 18 日正式發佈，其底層運算和資料處理工作是透過在後台運行的 Mathematica 實現的。因為 Mathematica 支援幾何、數值及符號式計算，並且具有強大的數學以及科技圖形圖像的視覺化功能，所以 WolframAlpha 能夠回答各式各樣的數學問題，並將答案以清晰美觀的圖形化方式顯示給使用者。這種計算知識引擎為 Apple 的數位助理 Siri 奠定了堅實的基礎。

WolframAlpha 本就具有強大的結構化計算能力，而且也能理解自然語言。比如，如果我們問 ChatGPT：從芝加哥到東京有多遠？ ChatGPT 可能並不能給我們一個精確的答案，因為 ChatGPT 的答案來源於訓練中就要注意到芝加哥和東京之間的明確距離，當然這可能答錯。而即便答對，只掌握這種簡單的解決方法還不夠，它需要一種實際的演算法。但 WolframAlpha 卻能充分利用其結構化、高精準的知識將某事轉化為精確計算。

可以説，ChatGPT 語 Wolfram Alpha 的結合，成就了「ChatGPT+」，給了 ChatGPT 壯大的機會。

1.3.2 讓「ChatGPT+」飛起來

「ChatGPT+」效應，向很多在探索 AIGC 商業化落地的企業提供了參考和借鑒。有的用戶把 ChatGPT 與 Stable Diffusion（AI 繪圖工具）結合使用，即先要求 ChatGPT 生成隨機的藝術 prompt（提示詞），然後把 prompt 輸入 Stable Diffusion ，再生成一副藝術性很強的畫作。還有用戶提出「ChatGPT+WebGPT」，WebGPT 是 OpenAI 公佈的另一個版本 GPT 的研究，可以透過查詢搜尋引擎和匯總查詢到的資訊來回答問題，包括對相關來源的註解。我們可以把 WebGPT 理解為進階版網頁爬蟲，從網際網路上摘取資訊來回答問題，並提供相應的出處。「ChatGPT+WebGPT」產生的結果資訊可以即時更新，對於事實真假的判斷更為準確。

微軟 CEO 納德拉透露，計畫將 ChatGPT、DALL-E 等人工智慧工具整合進微軟旗下的產品中，包括 Bing 搜尋引擎、Office、Azure 雲端服務、Teams 聊天程式等。ChatGPT 整合進入搜尋引擎 Bing 可以為使用

者呈現更完整的資訊並附加資訊來源，同時藉助更強大的自然語言處理系統識別關鍵字，提供更精準和個性化的相關內容推薦；在 Office 中，NLP 技術將允許用戶使用更靈活和智慧的方式檢索內容，並說明使用者快速生成個性化文字，帶來辦公體驗的智慧升級。而依託 OpenAI 在辦公領域的強大生態，ChatGPT 則有望得到快速發展，加速實現對話式 AI、AIGC 的商業化落地。

可以預期，「ChatGPT+」還將給現有的產品和服務帶來更多新玩法和新體驗，人工智慧的應用也將步入一個全新的階段。

1.4　AI 生成大流行

2022 年，是人工智慧生成內容（AIGC）爆紅的一年，從 AI 生成繪畫到 AI 生成程式碼，再到 AI 創作的文藝作品，人們驚歎於 AI 生成的內容，因為這已經不輸於人類創作的水準。而 2022 年末橫空出世的 ChatGPT 更是把 AIGC 推向一個新的高潮。美國《科學》雜誌發佈的 2022 年度科學十大突破中，AIGC 為人工智慧領域的重要突破口。Gartner 將 AIGC 列為 2022 年五大影響力技術之一。《麻省理工科技評論》也將 AIGC 列為 2022 年十大突破性技術之一，甚至將 AIGC 稱為 AI 領域過去十年最具前景的進展。

1.4.1　AIGC 爆紅

什麼是 AIGC？實際上，AIGC 是一個組合詞：AI+GC，意思是用人工智慧生產內容（AI Generated Content）。從內容創作方式來看，我們曾經聽到的大多是 PGC 和 UGC。其中，PGC 是指專業內容生產者來生

產內容。比如，一個自行研究並製作出高品質科技評測影片的個人，就可以被稱為 PGC。在網際網路時代，PGC 在向大眾傳播資訊方面發揮了重要作用。在移動網際網路時代，UGC 成了主流的內容生產方式。UGC 是指使用者生成內容，這些內容不是由專業內容生產者製作的，而是由普通用戶自行製作的。比如，在社交媒體上發佈的照片、評論和影片等就屬於 UGC 內容。

現在，AIGC 正在以迅雷之勢成為繼 PGC 和 UGC 之後新型的內容創作方式。要知道，不管是 PGC 還是 UGC，都是以人為主體進行內容生成和創作的，而 AIGC 內容的製作方從人或機構變成了 AI。

其實 AIGC 的概念並非在 2022 年才出現。此前，類似於微軟小冰等人工智慧，作詩、寫作、創作歌曲等產品生產就屬於 AIGC 的領域。但直到 2022 年，隨著一幅 AI 繪畫的獲獎，AIGC 開始集中爆發。

2022 年 8 月，在美國科羅拉多州舉辦的數位藝術家競賽中，一幅名為《太空歌劇院》的畫作獲得數位藝術類別冠軍。這一畫作由 AI 繪圖工具 Midjourney 完成：畫面上，幾位演員穿著華美戲服，站在舞台上表演，黑暗中的觀眾席上方出現一個巨大圓窗，似乎能看到另一個未知世界的存在。這一 AI 作，在世界範圍內引發熱烈討論，「AI 畫作拿一等獎惹怒人類藝術家」的話題很快登上熱搜，僅單日閱讀量就超過了 1.1 億次。

2022 年 10 月，Stability AI 獲得約 1 億美元融資，估值高達 10 億美元，躋身獨角獸企業行列。Stability AI 發佈的開源模型 Stable Diffusion，可以根據使用者輸入的文字描述自動生成圖像，即文字生成圖像（Text-to-Image，T2I）。Stable Diffusion、DALL-E 2、MidJourney 等可以生成圖

片的 AIGC 模型引爆了 AI 作畫領域。AI 作畫風行一時，標誌著人工智慧向藝術領域滲透。

在 AIGC 圖像生成爆紅的同時，ChatGPT 橫空出世，真正做到與人類「對答如流」，將人機對話推向新的高度。體驗過的用戶無一不被 ChatGPT 強大的功能折服，它不僅可以輕鬆與人類進行各個領域的對話，還能理解各式各樣的需求，無論是寫程式還是創作小説，甚至給推特的發展提建議、質疑不正確的假設、拒絕不合理的要求等。

可以説，2022 年後，AIGC 正式進入發展的快車道。現在，全球各大科技企業都在積極擁抱 AIGC，不斷推出相關的技術、平台和應用。

1.4.2　AIGC 大展身手

無論是竄紅全網的 AI 繪畫，還是快速吸引用戶的 ChatGPT，都屬於 AIGC 這一概念，AIGC 不僅在圖像生成、文字生成領域大展身手，在短影片、動畫、音樂等領域同樣有非常廣闊的前景。

首先，圖像生成是 AIGC 目前發展勢頭最猛、落地產品更多的領域。根據使用場景，可分為圖像編輯工具和端到端圖像生成。圖像編輯包括圖像屬性編輯和圖像內容編輯。端到端圖像生成包括基於圖像生成，如基於草圖生成完整圖像，根據特定屬性生成圖像等，以及多模態轉換，如根據文字生成圖像等。典型的產品或演算法模型包括 EditGAN、Deepfake、DALL-E、MidJourney、Stable Diffusion、文心·一格等。

其次就是 AI 文字生成。AI 文字生成是 AIGC 中發展最早的一部分技術。根據使用場景，可分為非互動式文字生成和互動式文字生成。非互

動式文字生成包括內容續寫、摘要 / 標題生成、文字風格遷移、整段文字生成、圖像生成文字描述等功能。互動式文字生成包括聊天機器人、文字交互式遊戲等功能。典型的產品或演算法模型有 JasperAI、Copy. ai、彩雲小夢、AI dungeon、ChatGPT 等。

AI 影片生成可分為影片編輯，如畫質修復、影片特效、影片換臉等，以及影片自動剪輯和端到端影片生成，如文字生成影片等。Google 旗下的文字生成影片 AI 系統 Phenaki 就是一個典型應用。雖然 Phenaki 生成的影片畫質還比較差，但時長 2 分鐘的內容卻已經涉及多個場景、不同主題的變換。正如 Phenaki 官網所展示的一段影片，其根據一段由 200 個單詞構成的提示詞，生成了一段關於未來科幻世界的影片。隨著 AI 與短影片的連結與日俱增，短影片平台的內容池裡，除傳統的 UGC 和 PGC 外，AIGC 將占更高的比例，且流量號召力不容小覷。

AI 音樂生成中的部分技術已經較為成熟，被應用於多種 C 端產品中。音樂生成可分為 TTS（Text-to-speech）場景和樂曲生成兩類。其中，TTS 具有語音客服、有聲讀物製作、智慧配音等功能。樂曲生成包括基於開頭旋律、圖片、文字描述、音樂類型、情緒類型等生成特定樂曲。典型的產品或演算法模型有 DeepMusic、WaveNet、Deep Voice、MusicAutoBot 等。

此外，AI 生成還包括程式碼生成、遊戲生成、3D 生成等。今天，AI 生成已經步入了春天，可以預期，作為數位內容的新生產方式，AIGC 的滲透率還將逐步提升，應用場景日益豐富，包括遊戲、動漫、傳媒等行業。根據 Gartner 預測，到 2025 年，人工智慧生成資料占比將達到 10%，Generative AI：A Creative New World 的分析則顯示，AIGC 有潛力產生數兆美元的經濟價值。

1.4.3　內容生產的全新變革

如果說 AI 推薦演算法是內容分發的強大引擎，那麼，AIGC 就是資料與內容生產的強大引擎。

傳統創作中，創作主體人類往往被認為是權威的代言者，是靈感的所有者。事實上，正是因為人類激進的創造力、非理性的原創性，甚至是毫無邏輯的慵懶，而非頑固的邏輯，才使得到目前為止，機器仍然難以模仿人的這些特質，使得創造性生產仍然是人類的專屬。但今天，隨著 AIGC 的出現與發展，創作主體的屬人特性被衝擊，藝術創作不再是人的專屬。即便是模仿式創造，AI 對藝術作品形式風格的可模仿能力的出現，都使創作者這一角色的創作不再是人的專利。

AIGC 還朝著效率和品質更高、成本更低的方向發展，在某些情況下，它比人類創造的東西更好。從社交媒體到遊戲、從廣告到建築、從編碼到平面設計、從產品設計到法律、從行銷到銷售等各個需要人類知識創造的行業都可能被 AIGC 所影響和變革。數位經濟和人工智慧發展所需的海量資料也能透過 AIGC 技術生成、合成出來，即合成資料。

今天，AIGC 正在掀起了一場內容生產的革命。在內容需求旺盛的當下，AIGC 所帶來的內容生產方式變革引起了內容消費模式的變化。比如，AI 繪畫可以提高美術素材生產效率，在遊戲、數位藏品領域初步得以應用。

再如，竄紅全網的 ChatGPT 正是典型的文字生成式 AIGC。ChatGPT 不僅能夠滿足與人類進行對話的基本功能，還可以駕馭各種風格的文體，且程式編輯能力、基礎腦力工作處理能力等一系列常見文字輸出任務的完成程度也大幅超出預期。

　　概念上似乎更廣泛的 AIGC 看起來沒有 ChatGPT 那麼紅，其核心原因還在於兩者之間的差異。儘管 AIGC 的概念更廣泛，但目前的技術更多的只是側重於語意的圖像化理解與生成，這與 ChatGPT 基於神經網路的類人智慧化邏輯有所差異。相比較而言，ChatGPT 是人類真正期待的人工智慧的樣子，即具備類人溝通能力，並且藉助於大數據的資訊整合成為人類強大的助手。

　　ChatGPT 讓我們討論已久、期待已久的人工智慧有了可觸感，不論它的技術是不是最先進的，但是它所呈現的模樣符合大家所期待的。至於未來，將發展成 AIGC 包含 ChatGPT，還是 ChatGPT 以更快速的迭代與商業化應用取代 AIGC 的概念，仍不好定論。

　　無論這些技術的概念在未來會如何定義，都意謂著在未來，人類社會一切有規律性、規則性的工作，將被 ChatGPT 或者比 ChatGPT 更進一步的 AIGC 所取代，並且一些創造性工作會加速進入人機互動時代。

Chapter **2**

通用 AI，奇點將近

2.1 一個世界，兩套智慧

2.1.1 智慧的起源

46 億年前，地球誕生。6 億年後，在早期的海洋中出現了最早的生命，生物開始了由原核生物向真核生物的複雜而漫長的演化。

6 億年前，埃迪卡拉紀。地球上出現了多細胞的埃迪卡拉生物群，原始的腔腸動物在埃迪卡拉紀的海洋中浮游著。控制它們運動的，是其體內一群特殊的細胞——神經元。不同於那些主要與附近的細胞形成各種組織結構的同類，神經元從胞體上抽出細長的神經纖維，與另一個神經元的神經纖維相會。這些神經纖維中，負責接收並傳入資訊的「樹突（dendrite）」占了大多數，而負責輸出資訊的「軸突（axon）」則只有一條（但可分叉）。當樹突接收大於興奮閾值的資訊後，整個神經元就將如同燈泡被點亮一般，爆發出一個短促但極為明顯的「動作電位（actionpotential）」，這個電位會在近乎瞬間就沿著細胞膜傳遍整個神經元——包括遠離胞體的神經纖維末端。之後，上一個神經元的軸突和下一個神經元的樹突之間名為「突觸（synapse）」的末端結構會被電訊號啟動，「神經傳遞質（neurotransmitter）」隨即被突觸前膜釋放，用以在兩個神經元間傳遞資訊，並且能依種類不同，對下一個神經元起到或興奮或抑制的不同作用。這些最早的神經元，憑著自身的結構特點，組成了一張分佈於腔腸動物全身的網路。就是這樣一張看來頗為簡陋的神經元網路，成為日後所有神經系統的基本結構。

2000 萬年前起，一部分靈長類動物開始花更多時間生活在地面上。

700 萬年前，在非洲某個地方，出現了第一批用雙腳站立的「類人猿」。

200 萬年前，非洲東部出現了另一個類人物種，就是我們所說的「能人」。這個物種的特別之處在於它的成員可以製作簡單的石質工具。在這之後，漫長又短暫的 150 萬年中，狹義「智慧」在他們那大概只有現代智人一半大的腦子裡誕生發展。他們開始改進手中的石器，甚至嘗試著馴服狂暴的烈焰，隨著自然選擇和基因突變的雙重作用，他們後代的腦容量越來越大，直到「直立人」出現。

根據古生物學的研究，「直立人」與現代人類個頭相當，其腦容量也和我們相差無幾。他們製作的石質工具比「能人」更加精細複雜，即「智人」。「智人」的智慧。

20 萬年前，現代「智人」的大腦出現了飛躍性的發展，對直接生存意義不大的聯絡皮層，尤其是額葉出現了劇烈的暴漲，隨之帶來的就是高昂的能耗──人腦只占體重總量的約 2% 左右，但能耗卻占了 20%。然而，付出這些代價換來的結果，使得大腦第一次有了如此之多的神經元來對各種資訊進行深度的抽象加工和整理儲存。自此，人類的智慧進化，也開啟了透過文化因數傳承智慧、適應環境的全新道路，從此擺脫了自然進化的桎梏。

人類智慧的第一個發端是對物質形態的轉化。遠古時期，人類對物質的轉化是極其簡單的。首先是從低級而又單一的物質幾何形狀的轉化開始，如把石塊打磨成尖銳或厚鈍的石制手斧。猿人用它襲擊野獸、削尖木棒、挖掘植物塊根，把它當成一種「萬能」的工具使用。

然後，到了中石器時代，石器發展成了鑲嵌工具，即在石斧上安裝木制或骨制把柄，從而使單一物質形態的轉化發展為兩種不同質性的物質複合形態化。在此基礎上又發展出石刀、石矛、石鏈等複合化工具，直到發明了弓箭。再到新石器時代，人類學會了在石器上鑿孔，發明了石鐮、石鏟、石鋤，以及加工糧食的石臼、石柞等。對低級而單一的物質形態的轉化，即使物質形狀在人的有目的的活動中，按照人的需要轉化，同時這種勞動又在鍛煉和改變著人腦，使人腦向智慧邁進了第一步。

人類智慧的第二個發端是對能量的轉化。原始人類對「火」及與自身關係的認識就是一個明顯的例證，從對雷電引起的森林或草原的野火的恐懼，到學會用火來燒烤獵物以熟食，再到用火來禦寒、照明、驅趕野獸，人工取火方法的掌握標誌著「火」作為一種自然力真正被人們所利用。當「火」這種自然力開始為人所用時，也進一步促進了人體和大腦的發育，正如恩格斯所指出的——摩擦生火第一次使人支配了一種自然力，從而最終把人同動物界分開。

對火的利用又令原始人類學會了燒制陶器，制陶技術使古代材料技術與材料加工技術得到了重大發展。使人類對材料的加工第一次超出了僅僅改變材料幾何形狀的範圍，開始改變材料的物理、化學屬性。此外，制陶技術的發展，又為冶金技術的產生奠定了基礎。

人類智慧的第三個發端是對資訊的轉化。人們在對物質形態和能量的轉化過程中，所創造的石斧、取火器具、陶器等物質成果和物質手段，內化著人與自然、人與人之間的關係和資訊。它既是人們物質活動的手段，又是人們精神活動的手段；既是一種物質實體，又是一種資訊載體。因此，人們在從事物質形態和能量轉化的同時，必然要伴隨著資訊的轉化。

　　對資訊的轉化使人類創造了語言，使人們在物質轉化的過程中把共同的需要和感受，以及內化在勞動過程和勞動成果中的人與人、人與自然的相互關係和資訊，彼此進行不斷的傳授，形成了某種「共識」，並以某種特定的音節表示不同的共識內容。

　　語言的出現使人類具備了從具體客觀事物中總結、提取抽象化和一般性概念的能力，並能透過語言將其進行精確的描述、交流，甚至學習。事實上，語言的產生是古人類進化的必然結果，它與大腦功能和人體的其他功能的發展是密不可分的。

　　位於人類大腦皮層的左前面的布羅卡氏區控制語言產生的功能，後面的韋尼克區主管語言的接收功能，大腦右側區域通過胼胝體接收左側區域的訊號，綜合完成更為進階的如欣賞音樂、藝術和方向定位等功能。胼胝體大約有 2 億條神經纖維通過，對左右兩半球的資訊傳播有著極為重要的作用。

　　語言的本質，就是大腦中的一個器官。但就是因為這個腦結構的出現，人類的發展速度立刻呈現了爆發性的增長。之後，建立在語言基礎上的「想像共同體」出現了，人類的社會行為隨之超越了靈長類本能的部落層面，一路向著更龐大、更複雜的趨勢發展。隨著文字的發明，最早的文明與城邦終於誕生在西亞的兩河流域。

2.1.2　從人類智慧到人工智慧

　　物質形態、能量和資訊的轉換和發端，既構成了人類智慧的起源，又開創了人類智慧活動對物質轉化的整體雛形。

自從認知革命、農業革命和工業革命發生以來，幾千年來人類的全部活動表明，人類認識自然、改造自然的物件無非是三類最基本的東西：物質、能量、資訊。迄今，人類掌握的主要技術都同改造這三類東西有關，都是在材料技術、能源技術、資訊技術的基礎上發展起來的。

隨著這三個基本領域技術的不斷發展，人類智慧活動對物質的轉化方式及轉化成果也不斷從對單一要素向複合要素轉化。蒸汽機的製造和使用，是人類對物質和能量兩大要素的複合轉化；電子電腦的製造和使用，是人類對物質、能量和資訊三大要素的綜合轉化；而今天人們對人工智慧的研究，則可以被理解為是人類將物質、能量、資訊及人類智慧四者合一的轉化。

1950 年，阿蘭·圖靈發表論文《電腦器與智慧》，提出了機器能否思考的問題，為人工智慧的誕生埋下了伏筆。1957 年，第一個機器學習專案啟動，標誌著人工智慧作為一門學科的誕生。透過神經元理論的啟發，人工神經網路作為一種重要的人工智慧演算法被提出，並在之後的幾十年內被不斷完善。與人腦的天然神經網路類似，人工神經網路也將虛擬的「神經元」作為基本的運算單位，並將其如大腦皮層中的神經元一樣，進行了功能上的分層。但具體到連接模式和工作原理上，二者依然有著諸多不同，所以並不能簡單地將二者等同視之。

在經過無數的反覆和波折後，21 世紀的人工智慧發展進入了一個嶄新的階段，新一代神經網路演算法在學習任務中表現出了驚人的性能。各種圖像和音樂識別軟體的準確率越來越高，語言加工程式的智慧程度也與日俱增。

於是，人類智慧這種無止境的延伸，一方面藉助於數位化的技術改變著、轉化著整個自然界，試圖建構一個萬物互連互通的時代；另一方面也創造了一種新的智慧形式，那就是機器智慧。

2.1.3　智慧的本質是什麼？

從人類智慧到人工智慧，智慧的本質是什麼？

我們知道，人類智慧主要與人腦巨大的聯絡皮層有關，這些並不直接關係到感覺和運動的大腦皮層，在一般動物腦的面積相對較小；而在人的大腦裡，海量的聯絡皮層神經元成為搭建人類靈魂棲所的磚石。人類的語言、陳述性記憶、工作記憶等能力遠勝於其他動物，都與聯絡皮層有著極其密切的關係。而我們的大腦，終生都縮在顱腔之中，僅能感知外部傳來的電訊號和化學訊號。

也就是說，智慧的本質，就是這樣一套透過有限的輸入訊號來歸納、學習並重建外部世界特徵的複雜「演算法」。從這個角度上看，作為抽象概念的「智慧」，確實已經很接近笛卡爾所謂的「精神」了，只不過它依然需要將自己銘刻在具體的物質載體上——可以是大腦皮層，也可以是積體電路。

這也意謂著，人工智慧作為一種智慧，理論上遲早可以運行名為「自我意識」的演算法。雖然有觀點認為人工智慧永遠無法超越人腦，因為人類自己都不知道人腦是如何運作的。但事實是，人類迭代人工智慧演算法的速度要遠遠快於 DNA 透過自然選擇迭代其演算法的速度，所以，人工智慧想在智慧上超越人類，根本不需要理解人腦是如何運作的。

人類智慧和人工智慧是今天世界上同時存在的兩套智慧，實際上，人工智慧的「思考模式」與人類的思考模式完全不同。相比於基本元件運算速度緩慢、結構編碼存在大量不可修改的原始本能、後天自塑能力有限的人類智慧來說，人工智慧雖然尚處於蹣跚學步的發展初期，但未來的發展潛力卻遠遠大於人類智慧。

事實上，包括 AlphaGo 在內的人工智慧已經證明，對確定目標的問題，機器一定會超越人類。20 年後，基於深度學習的人工智慧及其「後代」也會在很多任務上擊敗人類。但也在很多任務上尤其是靈感類的創造力方面，人類會比機器更擅長。

在未來，更可能出現的情況，或許是我們人類著力於尋求人類智慧與人工智慧的良性共生，而不是糾結於人類智慧與人工智慧孰強孰弱，或者人工智慧會不會代替人類智慧成為這個世界的主角。今天，ChatGPT 的出現，讓人們真正感受到了人工智慧的力量，ChatGPT 不同於過去任何一個人工智慧產品，在大多數任務上 ChatGPT 的表現都不輸於甚至超越人類，或許這也向人們展示了一個道理──不只有人類才是智慧的黃金標杆。

2.2　從狹義 AI 到通用 AI

由於 AI 是一個廣泛的概念，因此會有許多不同種類或者形式的 AI。而基於 AI 的能力不同，我們可以把 AI 歸類為三大口徑，分別是狹義 AI（ANI）、通用 AI（AGI）和超級 AI（ASI）。

2.2.1　當前的 AI 世界

到目前為止，我們所接觸的 AI 產品大都還是 ANI。

簡單來說，ANI 就是一種被程式設計來執行單一任務的人工智慧 —— 無論是預報天氣、下棋，還是分析原始資料以撰寫新聞報導。ANI 也就是所謂的弱人工智慧。值得一提的是，雖然有的人工智慧能夠在國際象棋中擊敗世界象棋冠軍，如 AlphaGo，但這是它唯一能做的事情，如果你要求 AlphaGo 找出在硬碟上儲存資料的更好方法，它就會茫然地看著你。

我們的手機就是一個小 ANI 工廠。當我們使用地圖應用程式導航、查看天氣、與 Siri 交談或進行許多其他的日常活動時，我們都是在使用 ANI。

我們常用的電子郵件垃圾郵件篩檢程式是一種經典類型的 ANI，它擁有載入關於如何判斷什麼是垃圾郵件、什麼不是垃圾郵件的智慧，然後可以隨著我們的特定偏好獲得經驗，幫我們過濾掉垃圾郵件。

在我們的網購背後，也有 ANI 的工作。比如，當你在電商網站上搜尋產品，然後卻在另一個網站上看到它是「為你推薦」的產品時，會覺得毛骨悚然。而邏輯就是一個個 ANI 系統網路，它們共同工作，相互告知你是誰，你喜歡什麼，然後使用這些資訊來決定向你展示什麼。一些電商平台常常在主頁顯示「買了這個的人也買了……」，這也是一個 ANI 系統，它從數百萬名顧客的行為中收集資訊，並綜合這些資訊，巧妙地向你推銷，這樣你就會買更多的東西。

ANI 就像是電腦發展的初期，人們最早設計電子電腦是為了代替人類計算者完成特定的任務。而艾倫·圖靈等數學家則認為，我們應該製造通用電腦，我們可以對其程式設計，從而完成所有的任務。

於是，曾經在一段過渡時期，人們製造了各式各樣的電腦，包括為特定任務設計的電腦、類比電腦、只能透過改變線路來改變用途的電腦，還有一些使用十進位而非二進位工作的電腦。現在，幾乎所有的電腦都滿足圖靈設想的通用形式，我們稱其為「通用圖靈機」。只要使用正確的軟體，現在的電腦幾乎可以執行任何任務。

市場的力量決定了通用電腦才是正確的發展方向。如今，即便使用定制化的解決方案，如專用晶片，可以更快、更節能地完成特定任務，但更多時候，人們還是更喜歡使用低成本、便捷的通用電腦。

這也是今天 AI 即將出現的類似的轉變——人們希望 AGI 能夠出現，它們與人類更類似，能夠對幾乎所有東西進行學習，並且可以執行多項任務。

2.2.2　通用 AI 和超級 AI

與 ANI 只能執行單一任務不同，AGI 是指在不特定編碼知識與應用區域的情況下，應對多種甚至泛化問題的人工智慧技術。雖然從直覺上看，ANI 與 AGI 是同一類東西，都只是一種不太成熟和複雜的實現，但事實並非如此。AGI 將擁有在事務中推理、計畫、解決問題、抽象思考、理解複雜思想、快速學習和從經驗中學習的能力，能夠像人類一樣輕鬆地完成這些事情。

　　當然，AGI 並非全知全能。與任何其他智慧存在一樣，根據所要解決的問題，它需要學習不同的知識內容。比如，負責尋找致癌基因的 AI 演算法不需要識別面部的能力；而當同一個演算法被要求在一大群人中找出十幾張臉時，它就不需要瞭解任何有關基因的知識。通用人工智慧的實現僅僅意謂著單個演算法可以做多件事情，而並不意謂著它可以同時做所有的事情。

　　值得一提的是，AGI 又與 ASI 不同。ASI 不僅要具備人類的某些能力，還要有知覺，有自我意識，可以獨立思考並解決問題。雖然兩個概念似乎都對應著人工智慧解決問題的能力，但 AGI 更像是無所不能的電腦，而 ASI 則超越了技術的屬性成為「穿著鋼鐵俠戰甲的人類」。牛津大學哲學家和領先的人工智慧思想家 尼克·博斯特羅姆就將 ASI 定義為「一種幾乎在所有領域都比最優秀的人類更聰明的智慧，包括科學創造力、一般智慧和社交技能」。

2.2.3　如何實現通用 AI

　　自人工智慧誕生以來，科學家們就在努力實現 AGI，具體可以分為兩個路徑。

　　第一個路徑就是讓電腦在某些具體任務上超過人類，如下圍棋、檢測醫學圖像中的癌細胞。如果電腦在執行一些困難任務時的表現能夠超過人類，那麼人們最終就有可能讓電腦在所有任務中都超越人類。透過這種方式來實現 AGI，AI 系統的工作原理以及電腦是否靈活就無關緊要了。

唯一重要的是，這樣的人工智慧電腦在執行特定任務時比其他人工智慧電腦更強，並最終超越最強的人類。如果最強的電腦圍棋棋手在世界上僅僅位列第二名，那麼它就不會登上媒體頭條，甚至可能會被視為失敗者。但是，電腦圍棋棋手擊敗世界上頂尖的人類棋手就會被視為一個重要的進步。

第二個路徑是重點關注 AI 的靈活性。透過這種方式，人工智慧就不必具備比人類更強的性能。科學家的目標就變成了創造可以做各種事情並且可以將從某個任務中學到的東西應用於另一個任務的機器。

比如，AIGC 就遵循了這樣的路徑。有關 AIGC 技術方面的進展主要表現在三個方面：一個是圖像生成，即以 DALL-E 2、Stable Diffusion 為代表的擴散模型；一個是 NLP，即基於 GPT-3.5 的 ChatGPT；還有一個就是程式碼生成，如基於 CodeX 的 Copilot。

基於龐大的資料集，ChatGPT 得以擁有更好的語言理解能力，這意謂著它可以更像一個通用的任務助理，能夠與不同行業結合，衍生出很多的應用場景。可以說，ChatGPT 已經為通用 AI 打開了一扇大門。

ChatGPT 還引入了人類監督員，專門「教」AI 如何更好地回答人類問題，這使得 AI 能夠按照人類價值觀優化資料和參數，網際網路中，只要涉及文字生成和對話的，都能夠被 ChatGPT「洗一遍」，這使得 ChatGPT 能得到一個接近於自然的人類語言對話的效果。

以自動駕駛為例，目前的自動駕駛系統還是 ANI 的，與人的互動也是比較機械的。比如，前面有一輛車，按照規則，它可能無法正確判斷什麼時候該繞行。而 ChatGPT 等人工智慧的迭代，會讓機器更接近人的思維模式，學習人的駕駛行為，帶領自動駕駛進入「2.0 時代」。

2.3 ChatGPT 是不是通用 AI

雖然過去人們對 AGI 總有各種抽象的想法，但如今，隨著圖像生成、程式碼生成、自然語言處理等 AI 生成技術的發展，AGI 似乎已經走到了一個重要的十字路口——生成式 AI 是技術底座之上的場景革新，涵蓋了圖文創作、程式碼生成、遊戲、廣告、藝術平面設計等應用。

ChatGPT 的爆紅，更是推動以多模態預訓練大模型、生成式 AI 為代表的 AI 技術來到規模化前夜的奇點，人類對 AGI 的想像開始具象起來。

2.3.1 ChatGPT 的通用性

按照是否能夠執行多項任務的標準來看，ChatGPT 已經具備了 AGI 的特性——ChatGPT 被訓練來回答各種類型的問題，並且能夠適用於多種應用場景，可以同時完成多個任務，如問答、對話生成、文字生成等。這說明，它不僅僅是針對某一特定任務進行訓練的，而是具有通用的語言處理能力。因此，我們也可以把 ChatGPT 認為是一種 AGI 模型。

ChatGPT 為 AI 的發展建構了一個完善的底層應用系統。這就類似於電腦的作業系統一樣，電腦的作業系統是電腦的核心部分，在資源管理、處理序管理、檔案管理等方面都發揮了非常重要的作用。在資源管理上，作業系統負責管理電腦的硬體資源，如記憶體、處理器、磁片等。它分配和管理這些資源，使得多個程式可以共用資源並且高效運行。在處理序管理上，作業系統管理電腦上運行的程式，控制它們的執行順序和分配資源，它還維護程式之間的通訊，以及處理常式間的併發

問題。檔案管理方面，作業系統則提供了一組標準的檔案系統，可以方便使用者管理和儲存檔。Windows 作業系統和 iOS 作業系統是目前兩種主流的移動作業系統，而 ChatGPT 的誕生，也為 AI 應用提供了技術底座。雖然 ChatGPT 是一個語言模型，但與人對話只是 ChatGPT 的表層，其真正的作用，是我們能夠基於 ChatGPT 這個開源的人工智慧系統平台，開放介面來做一些二次應用。

微軟宣佈將 ChatGPT 與搜尋引擎 Bing 結合。儘管以往的搜尋引擎可以用來查詢導航和基本事實之類的資訊，但是對於更複雜的查詢，如「能否推薦馬爾地夫的五天旅遊行程」，一般的搜尋引擎往往都沒有結果，只是提供了相關資訊的匯總，需要人們自己在匯總的資訊中尋找結果。但是人們需要查詢的往往是這類問題的結果——回答這類問題正是 ChatGPT 的強項。有了 ChatGPT 助力的 Bing，將在頁面右側的框中顯示基於 ChatGPT 的結果。

除了新的 Bing，微軟還為 Edge 瀏覽器推出了兩項新的 AI 增強功能——「聊天」和「撰寫」。這些功能將嵌入到 Edge 的側邊欄位中。「聊天」允許用戶總結他們正在查看的網頁或文件，並就其內容提出問題。而「撰寫」則可以充當寫作助手，根據一些開始提示，說明生成從電子郵件到社交媒體貼文的文字。

整體來說，ChatGPT 為 AI 應用提供了通用的技術底座，而基於 ChatGPT 系統做出的二次應用，也正是 ChatGPT 作為一個 AGI 模型的迷人所在。

2.3.2　大模型路線的勝利

除了能夠執行多項任務以及二次應用外，更重要的是，ChatGPT 的成功證明了大模型路線的有效性，這直接打開了 AGI 發展的大門，讓 AI 終於完成了從 0 到 1 的突破，開啟真正的 AI 新時代。

ChatGPT 的成功，根本在於技術路徑的成功。在 OpenAI 的 GPT 模型之前，人們在處理 NLP 時，用的都是 RNN，然後再加入注意力機制。所謂的注意力機制，就是將人的感知方式、注意力的行為應用在機器上，讓機器學會去感知資料中的重要和不重要的部分。比如，當我們讓 AI 識別一張動物圖片時，最重要該關注的地方就是圖片中動物的面部特徵，包括耳朵，眼睛，鼻子，嘴巴，而不用太關注圖片背景中的一些資訊，注意力機制核心的目的在於希望機器能在眾多資訊中注意到對當前任務更關鍵的資訊，而對於其他的非關鍵資訊就不需要太多的注意力側重。換言之，注意力機制讓 AI 擁有了理解的能力。

但「RNN + Attention」使模型的處理速度非常慢這個只有 Attention 的 Transformer 模型不再是逐詞處理，而是逐序列地處理，可以平行計算，所以計算速度大幅加快，讓訓練大模型、超大模型、巨大模型、超巨大模型成為可能。

於是，OpenAI 開發了 GPT，其目標只有一個，就是預測下一個單詞。如果説過去的 AI 是遮蓋掉句子中的一個詞，讓 AI 根據上下文「猜出」中間那一個詞，進行完形填空，那麼 GPT 要做的，就是要「猜出」後面一堆的詞，甚至形成一篇通順的文章。事實證明，基於 Transformer 模型和龐大的資料集這路徑，GPT 做到了。

特別值得一提的是，在 GPT 誕生的同期，還有一種爆紅的語言模型，即 BERT。BERT 是 Google 基於 Transformer 做的語言模型，BERT 是一種雙向的語言模型，透過預測遮罩子詞進行訓練——先將句子中的部分子詞遮罩，再令模型去預測被遮罩的子詞，這種訓練方式在語句級的語義分析中取得了極好的效果。BERT 模型還使用了一種特別的訓練方式——先預訓練，再微調，這種方式可以使一個模型適用於多個應用場景。這使得 BERT 模型刷新了 11 項 NLP 任務處理的紀錄，引發了多數 AI 研究者的跟隨。

面對 BERT 的爆紅，OpenAI 依然堅持做生成式模型，而不是去做理解，於是就有了後來的 GPT-3。

從 GPT-1 到 GPT-3，OpenAI 用了兩年多的時間，孤注一擲全力出擊，證明了大模型的可行性，參數從 1.17 億飆升至 1750 億，也似乎證明了參數越大，AI 能力越強。因此，在 GPT-3 成功後，包括 Google 在內，都在競相追逐做大模型，參數高達驚人的兆甚至 10 兆規模，掀起了一場參數競賽。

但這個時候，反而是 GPT 系列的開發者冷靜了下來，沒有再推高參數，而是又用了近兩年時間，花費重金，用人工標註大量資料，將人類回饋和強化學習引入大模型，讓 GPT 系列能夠按照人類價值觀優化資料和參數。

可以説，作為一種 AGI，ChatGPT 的成功更是一種工程上的成功，證明了大模型路線的勝利。

2.3.3　大模型的問題

　　雖然基於大模型技術路線的 AI 生成的快速發展讓人們看到了 AGI 的希望，但實際上，當前的 AI 生成依然不是根本性的突破。

　　我們已經知道，今天的 AI 生成之所以能如此靈活，就在於其龐大的訓練資料集。也就是說，如果沒有根本性的創新，AGI 就可能會從更大規模的模型中產生。ChatGPT 就是將海量的資料結合表達能力很強的 Transformer 模型，從而對自然語言進行了一個深度建模。儘管 ChatGPT 的相關資料並未被公開，但其上一代 GPT-3 的整個神經網路就已經有 1750 億個參數了。

　　雖然越來越大的模型確實讓 AGI 性能很強，但龐大的模型也帶來了一些問題：一方面，世界上可能沒有足夠的可用計算資源支撐 AGI 規模最大化。隨著資料的爆發和算力（運算能力）的高速發展，一個高能量的世界正在誕生，而與算力同時提升的，還有對電力的需求，畢竟，發展算力是件高耗能的事情。以 GPT-3 為例，GPT-3 的每次訓練都要消耗巨量算力，需用掉約 19 萬度電力、產生 85 萬噸二氧化碳，可謂「耗電怪獸」。僅從量的方面看，根據不完全統計，2020 年全球發電量中，有 5% 左右用於計算能力消耗，而這一數字到 2030 年將有可能提高為 15%~25%。也就是說，計算產業的用電量占比將與工業等耗能大戶相提並論。實際上，對於計算產業來說，電力成本也是除晶片成本外的核心成本。

　　另一方面，在一些重要的任務上，大模型可能根本無法在規模上擴展，因為在沒有認知模型和常識的情況下，大模型難以進行推理。

Bard 是 Google 版 ChatGPT，而 Google 在發佈 Bard 時，就在首個線上 Demo 影片中犯了一個事實性錯誤：Bard 回答了一個關於詹姆斯・韋伯太空望遠鏡新發現的問題，稱它「拍攝了太陽系外行星的第一批照片」。這是不正確的。有史以來第一張關於太陽系以外的行星，也就是系外行星的照片，是在 2004 年由智利的巨型射電望遠鏡（Very Large Array, VLA）拍攝的。

一位天文學家指出，對於這個問題可能是因為人工智慧誤解了「美國國家航空航天局（Nasa）低估了歷史的含糊不清的新聞稿」。Google 的 Bard 所犯的錯誤也強調了由人工智慧驅動的搜尋的一個更大的問題，即人工智慧可以自信地犯事實錯誤並傳播錯誤資訊 —— 它們並不「理解」自己轉述的資訊，而是根據概率進行猜測。實際上，不僅僅是 Google，微軟也承認 ChatGPT 基於聊天的服務也面臨類似的挑戰 —— 如果模型只是學會了語法和語義，但是在語用或常識推理方面失敗了，那麼我們可能根本就無法獲得可信任的 AGI。

▌2.4　奇點隱現，未來已來

在數學中，「奇點（singularity）」被用於描述正常的規則不再適用的類似漸近線的情況。在物理學中，奇點則被用來描述一種現象，如一個無限小、緻密的黑洞，或者在大爆炸之前被擠壓到的那個臨界點，同樣是通常的規則不再適用的情況。

1993 年，弗諾・文奇（Vernor Vinge）寫了一篇文章，他將「奇點」這個詞用於未來我們的智慧技術超過我們自己的那一刻 —— 對他來

説，在那一刻之後，我們所有的生活將被永遠改變，正常規則將不再適用。

現在，隨著 ChatGPT 的爆發，我們似乎也已經站在了技術奇點的前夜。

2.4.1　超越人類只是時間問題

事實上，人工智慧（AI）最大的特點就在於，它不僅僅是網際網路領域的一次變革，也不屬於某一特定行業的顛覆性技術，而是作為一項通用技術成為支撐整個產業結構和經濟生態變遷的重要工具之一，它的能量可以投射在幾乎所有行業領域中，促進其產業形式轉換，為全球經濟成長和發展提供新的動能。自古及今，從來沒有哪項技術能夠像人工智慧一樣引發人類無限的暢想。

由於 AI 不是一項單一技術，其涵蓋面及其廣泛，而「智慧」二字所代表的意義又幾乎可以代替所有的人類活動，即使是僅僅停留在人工層面的智慧技術，人工智慧可以做的事情也大幅超過人們的想像。

事實上，AI 已經覆蓋了我們生活的各個方面。從垃圾郵件篩檢程式到叫車軟體，我們日常打開的新聞是人工智慧做出的演算法推薦；網上購物時，首頁上顯示的是 AI 推薦的用戶最有可能感興趣、最有可能購買的商品；從操作越來越簡化的自動駕駛交通工具，到日常生活中的面部識別上下班打卡制度……有的我們深有所感，有的則悄無聲息浸潤在社會運轉的瑣碎日常中。而當前我們所經歷的一切，都還處於 ANI 階段，即我們生活中所有的 AI 產品還只能執行單一任務。

但 ChatGPT 的出現與爆發，卻將 AI 推向了一個真正的應用快車道上。雖然當前的時代已經因為 AI 有了極大的改變，但 ANI 產品依然有許多侷限性及「不智慧」之處。比如，在 ChatGPT 出現之前，我們與人工智慧客服根本無法愉快的聊天，更談不上正常解決問題了。但 ChatGPT 卻具備了類人的邏輯能力，而我們當前所看到的對話，都還只是其停留於 2021 年資料更新的階段。

更何況，許多重複性的語言文字工作，其實根本不需要運用複雜的邏輯思考或頂層決策判斷。比如，接聽電話或者處理郵件，以及說明客戶訂旅館、訂餐的語言文字工作，根據固定格式把資料、資訊填入合約、財報、市場分析報告、事實性新聞報導內的工作，在現有文字材料裡提煉大綱、梳理要點的工作，將會議的即時文字記錄提煉成會以簡報，撰寫一些流程性、程式化文章的工作等。這些工作，都是基於 ChatGPT 或其他大模型的產品可以應用的場景。

不僅如此，根據使用者所給出的特定指令，或者使用者的消費行為資料，在預定酒店的時候，ChatGPT 就能根據使用者的偏好與實際情況，包括消費能力，直接篩選出最佳的結果並且執行。而不像當前的資訊平台，只是根據使用者的需求情況搜尋與羅列出相關的資訊，而不是一個特定的最佳結果。

整體來說，當前，ChatGPT 已經讓我們看到了它的創造性 —— 無論是 AI 對話、AI 寫文章還是 AI 作畫，大規模預訓練模型固有的非確定性、發散性、天馬行空的特點，恰好可以成為激發人類靈感的好幫手。未來，需要創作廣告文案或商業展示的市場工作，需要發散性地探索不同故事路線的電影編劇工作，需要極大豐富視覺感受的遊戲場景設計工作，或許都將充滿 ChatGPT 的身影。

　　李開復曾經提過一個觀點 —— 思考不超過 5 秒的工作，在未來一定會被 AI 取代。現在來看，在某些領域，ChatGPT 已遠遠超過「思考5 秒」這個標準了，並且，隨著它的持續進化，加上它強大的機器學習能力，以及在與我們人類互動過程中的快速學習與進化。在我們人類社會所有有規律與有規則的工作領域中，取代與超越我們人類只是時間問題。

2.4.2　技術奇點的前夜

　　人類的進步正在隨著時間的推移越來越快 —— 這是未來學家雷蒙・庫茲維爾（Ray Kurzweil）所說的人類歷史的加速回報定律（Law of Accelerating Returns）。19 世紀的人類比 15 世紀的人類知道得更多，技術也更好，因此，19 世紀的人類比 15 世紀取得的進步要大得多。

　　比如，在 1985 年上映的電影《回到未來》中，「過去」發生在1955 年。在電影中，當米高福克斯回到 1955 年時，電視的新奇、蘇打水的價格、刺耳的電吉他，以及俚語的變化讓他措手不及。那是一個不同的世界。但如果這部電影是在今天拍攝的，「過去」發生在 1993 年，那麼這部電影或許會更有趣。我們任何一個人穿越到移動網際網路或 AI普及之前的時代，都會比米高福克斯更加不適應，也更與 1993 年的時代格格不入。這是因為 1993 年至 2023 年的平均進步速度高於 1955 年至 1985 年的速度 —— 因為前者是一個更先進的世界 —— 最近 30 年發生的變化比之前 30 年要多得多。

　　未來學家 Kurzweil 認為：「在前幾萬年，科技增長的速度緩慢到一代人看不到明顯的結果；在最近一百年，一個人一生內至少可以看到一

次科技的巨大進步；而從二十一世紀開始，大概每三到五年就會發生與此前人類有史以來科技進步的成果總和類似的變化。」總而言之，由於加速回報定律，Kurzweil 認為，21 世紀將取得 20 世紀 1,000 倍的進步。

事實也的確如此，科技進步的速度甚至已超出個人的理解能力極限，而誕生於科技迅速更迭時代的 ChatGPT 更是具有無限的潛力。

2016 年 9 月，AlphaGo 打敗歐洲圍棋冠軍之後，包括李開復在內的多位行業學者專家都認為 AlphaGo 要進一步打敗世界冠軍李世乭希望不大。但後來的結果是，僅僅 6 個月後，AlphaGo 就輕易打敗了李世乭，並且在輸了一場之後再無敗績，這種進化速度讓人瞠目結舌。

現在，AlphaGo 的進化速度或許會在 ChatGPT 的身上再次上演。ChatGPT 是基於 OpenAI 的 GPT3.5 的模型創建的。自 2018 年開始，GPT-1、GPT-2、GPT-3 的參數分別為 1.17 億、15 億、1750 億。這是一個指數級的增長，可以想像，在不久之後將誕生的 GPT-4 性能還會更加強大，達到一個我們今天也難以想像的高度。

雖然現階段 ChatGPT 的確有諸多侷限性，也還不是一款完美的 AI 產品，它也有 BUG 存在，但這依然不能否認 ChatGPT 的重要意義——我們人類社會討論了多年的人工智慧，終於向想像中的人工智慧模樣發展了。

奇點隱現，而未來已來。正如網際網路最著名的預言家，有「矽谷精神之父」之稱的凱文凱利（Kevin Kelly）所說的那樣：「從第一個聊天機器人（ELIZA,1964）到真正有效的聊天機器人（ChatGPT,2022）只用了 58 年。所以，我們不要認為距離近視野就一定清晰，同時也不要認為距離遠就一定不可能」。ChatGPT 所引發的人工智慧時代序幕已經被正式拉開，未來將超過我們的想像。

Chapter **3**

ChatGPT 商業激戰

3.1　OpenAI：從非營利組織，到全球獨角獸

ChatGPT 一夜竄紅，也讓 ChatGPT 母公司 OpenAI 一下子備受世界關注。

實際上，在 ChatGPT 問世前，OpenAI，還是一家虧損中的公司。2022 年該公司淨虧損 5.4 億美元。並且隨著用戶增多，其算力成本增加，損失還可能擴大。OpenAI 聯合創始人兼 CEO 山姆·阿爾特曼 12 月曾在推特上，回應馬斯克關於成本問題的提問時稱，ChatGPT 每次的對話大概花費在幾美分。

然而，ChatGPT 的爆紅卻一下子打破了 OpenAI 虧損的僵局，而展現出極大的商業化潛力，OpenAI 的估值也隨之暴漲至 290 億美元，比2021 年估值 140 億美元翻一倍，比七年前估值則高了近 300 倍。

3.1.1　ChatGPT 之父的傳奇人生

ChatGPT 的成功，離不開 OpenAI 首席執行官山姆·阿爾特曼（Sam Altman）。作為 ChatGPT 月活用戶漲至 1 億人、以及 OpenAI 估值快速增長的重要人物，Altman 也受到了市場的更多關注，Altman 被很多媒體形容為「年度風雲人物」，同時也被媒體稱為 ChatGPT 之父。

Sam Altman 的經歷可以說是一個傳奇。生於 1985 年 4 月 22 日，他出生於伊利諾州芝加哥，在密蘇里州的聖路易斯長大。Altman 很小就展示了在電腦方面的天賦，幼兒園時就理解區號的系統原理。

　　8 歲時，Altman 就有了一台個人電腦，並對程式設計產生了濃厚的興趣，還拆解過一部 Apple 的 Macintosh 電腦，這台 Mac 成為他與世界的重要連接。比如，他發現 AOL 的線上聊天室對資訊獲取和社交是具有顛覆性的創新。

　　高中畢業後，Altman 進了斯坦福大學，讀電腦專業。他不願意專心讀書，一心想要創業。大二時候，Altman 和同學一起創立了 Loopt，這是一個和朋友分享地理位置資訊的手機應用程式。2005 年，19 歲的 Altman 和同學成功地成為了第一批進駐 YC 的創業團隊。後來，Altman 和兩名同學輟學，全身心投入 Loopt。當時，基於地理位置的服務非常熱門，Altman 幸運地拿到了紅杉資本的投資，四年間拿到了五輪融資，一共籌集了 3910 萬美元。然而，Loopt 一直未能吸引足夠多的消費者。

　　2009 年 10 月，25 歲的 Altman 以 4300 萬美元的價格把公司賣給了 Graffiti Geo，這個價格讓投資他們的風險投資機構虧了點錢，但這已經是對投資人最好的安排了。因為三年後，也就是 2012 年，這個產品因無法繼續營運而被關閉了。Altman 自己也得到了 500 萬美元的報酬。

　　賣掉公司後，Altman 並沒有啟動下一個創業，而是休息了一年多。但這一年多卻對 Altman 的後來帶來了極為深遠和重要的影響。在那一年裡，Altman 學到了很多感興趣領域的知識，例如核工程、人工智慧、合成生物學，並開始瞭解了他之前做天使投資的四個專案情況。

　　2011 年，Altman 開始在 Y Combinator（YC）擔任兼職。他創立了一個小的風投基金 Hydrazine Capital，募集了 2100 萬美金，自己投了 500 萬美元，還包括來自 Paypal 的聯合創始人 Peter Thiel（彼得·提爾）的一大筆投資，基金的 75% 都投向了 YC 的公司。事實證明，

Altman 很善於投資。比如，Altman 曾領投了 Reddit 這個長期混亂無序的、從 YC 畢業的公司的 B 輪融資，並擔任過 8 天的 CEO，然後請回了創始人回來繼續當 CEO。由於 YC 孵化專案的高成功率，Altman 的策略大獲成功。僅僅四年，Hydrazine Capital 的價值就翻了 10 倍。

而 2014 年，年僅 28 歲的 Altman 就接手了 Altman 任總裁，成為矽谷廣為人知的人物。在 Altman 執掌下，YC 這艘大船繼續往他期望的方向不斷前進。

Altman 也是 OpenDoor、Postmates 和 RapidAPI 等多家公司的董事會成員或顧問。他曾幫助這些公司獲得數千萬美元的投資，並在幫助它們成功上市方面發揮了重要作用。Altman 還是卡內基梅隆大學高級研究員，並且曾發表過多篇有關科技創新和創業的文章。他在創業、投資和科技領域都有著豐富的經驗，並因其出色的才能而備受讚譽。

2015 年，29 歲的 Altman 入選了《福布斯》30 位 30 歲以下風險投資人榜單。也是這一年，Altman 與特斯拉的 CEO 馬斯克聯合創辦了非營利性的 OpenAI。

3.1.2　非營利組織 OpenAI

很少有人能想到，今天的全球獨角獸 OpenAI 在一開始只是一個非營利性的組織。而 OpenAI 的由來，其實也是一個戲劇性的故事。

2014 年，Google 以 6 億美元收購了 DeepMind，考慮到 Google 的 DeepMind 是首家最有可能率先開發通用人工智慧的公司，Elon Musk（馬斯克）曾說，如果人類開發的人工智慧產生了偏差，將會出現一個

永生的、超級強大的獨裁者。一點點的性格缺陷，就可能讓它的第一步行動變成殺掉所有的人工智慧研究者。也就是說，如果 DeepMind 成功了，可能會用極端手段來壟斷這項無所不能的技術。因此，馬斯克等人認為需要組建一個與 Google 競爭的實驗室，以確保這種情況不會發生。而這個與 Google 競爭的實驗室，就是後來的非盈利組織 OpenAI。

2015 年 12 月，OpenAI 在三藩市成立，募集了 10 億美元資金，主要贊助者有特斯拉的創始人馬斯克（Elon Musk），還有全球線上支付平台 PayPal 的聯合創始人彼得‧提爾、Linkedin 的創始人里德‧霍夫曼、YC 總裁阿爾特曼（Sam Altman）、Stripe 的 CTO 布羅克曼（Greg Brockman）、Y Combinator 聯合創始人 Jessica Livingston；還有一些機構，如 YC Research，Altman 創立的基金會、印度 IT 外包公司 Infosys 和亞馬遜網頁服務。

而 OpenAI 成立的使命就是實現通用人工智慧，打造一個能夠像人的心智那樣，具有學習和推理能力的機器系統。成立以來，OpenAI 也一直從事 AI 基礎研究，實際上，在 ChatGPT 誕生之前，很多人可能都沒聽說過這個公司。

然而，很快，OpenAI 的創立者們就發現，單有想要造福人類的理想遠遠不夠──保持非營利性質無法維持組織的正常營運，因為一旦進行科研研究，要取得突破，所需要消耗的計算資源每 3 ～ 4 個月要翻一倍，這就要求在資金上對這種指數增長進行匹配，而 OpenAI 當時的非盈利性質限制也很明顯，還遠遠沒達到自我造血的程度。燒錢的問題同時也在 DeepMind 身上得到驗證。在當年被 Google 收購以後，DeepMind 短期內並沒有為 Google 帶來盈利，反而每年要燒掉 Google

幾億美元，2016 年虧損為 1.27 億英鎊，2017 年虧損為 2.8 億英鎊，2018 年的虧損則高達 4.7 億英鎊，燒錢的速度每年同比遞增。或許是這一理念上的衝突，Musk 在 2018 年 2 月辭去了 OpenAI 的董事會職務，當時宣稱是避免和特斯拉的經營產生衝突，並繼續為這家非盈利機構捐款並擔任顧問。

為解決資金的問題，2019 年 3 月，Sam Altman 卸任 YC 總裁轉為董事長，同時出任 OpenAI 的 CEO，將更多精力集中在 Open AI。在 Altman 的推動下，OpenAI 成立了一個受限制的營利實體——OpenAI LP，這種營利性和非營利性的混合體被 OpenAI 稱為「利潤上限」。

根據 OpenAI 在 2019 年 3 月的聲明，如果 OpenAI 能夠成功完成其使命——確保通用人工智慧 AGI 造福全人類，那麼投資者和員工可以獲得有上限值的報酬，這個新的投資框架下，第一輪的投資者報酬上限被設計為不超過 100 倍，往後輪次的報酬將會更低。這是一種不同尋常的結構，將投資者的報酬限制在其初始投資的數倍。

從這個時間節點開始，OpenAI 這個詞被官方定義為特指「OpenAI LP」，即 OpenAI 的營利實體，而非原先的非盈利實體「OpenAI Nonprofit」，後者法定名 OpenAI Inc。同時，OpenAI 受到非營利實體 OpenAI Inc 董事會監督，以此解決對計算、資金以及人才的需求，任何超額的報酬將捐給 OpenAI 的非營利實體所有。

3.1.3　接受投資，攜手微軟

2019 年 7 月，重組後的 OpenAI 新公司獲得了微軟的 10 億美元投資。從這時候起，OpenAI 就告別了單打獨鬥，也是從這時候起，OpenAI

開始和微軟進行綁定，到今天，微軟除了完成於 2019 年對 OpenAI 承諾的 10 億美元投資，還完成了 2021 年對 OpenAI 承諾的投資。

實際上，資金投入僅是微軟和 OpenAI 合作的第一層，而微軟和 OpenAI 的合作也是一場雙贏的合作。

一方面，OpenAI 急需算力投入和商業化背書。為拉動微軟入局，Sam Altman 做了不少努力。在接管 OpenAI LP 後，Altman 多次飛往西雅圖與微軟 CEO Satya Nadella 進行交談。另一方面，作為 Google 的直接競爭對手，在 Google 不斷加碼 AI 的同時，微軟的 AI 技術商業化應用方面卻日漸式微，尤其是 2016 年推出 Tay 聊天機器人受挫後，微軟在 AI 技術商業化應用方面以及基礎研究層面都尚無具備廣泛影響力的產出，急需尋求技術突破，以重獲 AI 競爭力。

2019 年，微軟首次注資 OpenAI 後，根據 Altman 描述，這筆資金將用來加速 AGI 的開發與商業化，同時 OpenAI 將把微軟的 Azure 作為其獨家雲端運算供應商，雙方一同開發新的技術與功能。有報導指出，OpenAI 每年在微軟雲端服務上模型訓練花費約為 7000 萬美元，構成了微軟向 OpenAI 投資的重要部分。這是個雙贏的合作，微軟成為 OpenAI 技術商業化的「首選合作夥伴」，未來可獲得 OpenAI 的技術成果的獨家授權，而 OpanAI 則可藉助微軟的 Azure 雲端服務平台解決商業化問題，緩解高昂的成本壓力。

有了微軟雲的加持，OpenAI 的運算能力日漸增長，第一個突破性成果 GPT-3 隨之於 2020 年問世。同年，微軟買斷了 GPT-3 基礎技術的獨家許可，並獲得了技術整合的優先授權，將 GPT-3 用於 Office、搜尋引擎 Bing 和設計應用程式 Microsoft design 等產品中，以優化現有工具，改進產品功能。

2021 年微軟再次投資，這一次，微軟作為 OpenAI 的獨家雲端服務提供商，在 Azure 中集中部署 OpenAI 開發的 GPT、DALLE、Codex 等各類工具。這也形成了 OpenAI 最早的收入來源 —— 透過 Azure 向企業提供付費 API 和 AI 工具。與此同時，擁有 OpenAI 新技術商業化授權，微軟開始將 OpenAI 工具與自有產品進行深度整合，並推出相應產品。比如，2021 年 6 月基於 Codex，微軟聯合 OpenAI、GitHub 推出了 AI 代碼補全工具 GitHub Copilot。該產品於次年 6 月正式上線，以月付費 10 美元或年付費 100 美元的形式提供服務。

進入 2023 年，隨著 ChatGPT 的爆發，OpenAI 與微軟再次宣佈擴大合作，據 The information 報導，微軟將向 OpenAI 投資高達 100 億美元，作為回報，在 OpenAI 的第一批投資者收回初始資本後，微軟將有權獲得 OpenAI 75% 的利潤，直到它收回其投資的 130 億美元，這一數字包括之前對 OpenAI 的 20 億美元投資，該投資直到今年 1 月《財富》雜誌才披露。直到這家軟體巨頭賺取 920 億美元的利潤後，微軟的份額將降至 49%。與此同時，其他風險投資者和 OpenAI 的員工也將有權獲得 OpenAI 49% 的利潤，直到他們賺取約 1500 億美元。如果達到這些上限，微軟和投資者的股份將歸還給 OpenAI 的非營利基金會。本質上，OpenAI 是把公司借給微軟，借多久取決於 OpenAI 賺錢的速度。這意謂著，微軟和 OpenAI 的進一步深度綁定。

據美國《財富》雜誌報導，2022 年，OpenAI 公司的收入預計還不到 3000 萬美元，而淨虧損總額卻高達 5.45 億美元，不含員工股票期權。而 ChatGPT 的發佈還可能快速增加 OpenAI 的虧損。Altman 12 月曾在推特上，回應馬斯克關於成本問題的提問時稱，ChatGPT 每次的對話大概花費在幾美分。而此次融資完成後，成立於 2015 年的 OpenAI

公司，如今估值高達 290 億美元，比 2021 年估值 140 億美元翻一倍，比七年前估值暴漲近 300 倍。

3.1.4　一邊燒錢，一邊成長

雖然直到今天，OpenAI 還處在一直燒錢，一直虧損的階段，但不可否認，自 OpenAI 成立以來，其在 AI 領域的突破也是前所未有的。

2018 年 6 月 11 日，OpenAI 公佈了一個在諸多語言處理任務上都取得了很好結果的演算法，就是第一代 GPT。GPT 是第一個將 transformer 與無監督的預訓練技術相結合，其取得的效果要好於當前的已知演算法。這個演算法算是 OpenAI 大語言模型的探索性的先驅，也使得後面出現了更強大的 GPT 系列。

也是在 2018 年 6 月份，OpenAI 宣佈他們的 OpenAI Five 已經開始在 Dota2 遊戲中擊敗業餘人類團隊，並表示在未來 2 個月將與世界頂級玩家進行對戰。OpenAI Five 使用了 256 個 P100 GPUs 和 128000 個 CPU 核心，AI 每天的訓練量能抵人類 180 年的遊戲時長來訓練模型。並在 8 月份的專業比賽中，OpenAI Five 輸掉了 2 場與頂級選手的比賽，但是比賽的前 25-30 分鐘內，OpenAI Five 的模型的有著十分良好的表現。OpenAI Five 繼續發展並在 2019 年 4 月 15 日宣佈打敗了當時的 Dota2 世界冠軍。

2019 年 2 月 14 日，OpenAI 宣布 GPT-2 模型。GPT-2 模型有 15 億參數，基於 800 萬網頁數據訓練。GPT-2 就是 GPT 的規模化結果，在 10 倍以上的資料以 10 倍以上的參數訓練。

4 月 25 日，OpenAI 繼續公佈他們最新的研究成果：MuseNet，這是一個深度神經網路，可以用 10 種不同的樂器生成 4 分鐘的音樂作品，並且可以結合從鄉村到莫札特到披頭士的風格。這是 OpenAI 將生成模型從自然語言處理領域拓展到其它領域開始。

2020 年 5 月 28 日，OpenAI 的研究人員正式公佈了 GPT-3 相關的研究結果，這也是當時全球最大的預訓練模型，參數高達 1750 億。相較於 2019 年 2 月發佈的 GPT-2，GPT-3 的模型能力得到了顯著提升，易用性、安全性有了明顯改進，在文案寫作和總結、翻譯、對話等任務中的表現都更加優異。

同年 6 月 17 日，OpenAI 發佈了 Image GPT 模型，將 GPT 的成功引入電腦視覺領域。研究人員認為，transformer 是與領域無關的，它們都是從序列中建模，因此電腦視覺領域依然可以使用。Image GPT 也在當時取得了很好的成績。

2021 年 1 月 5 日，OpenAI 發佈 CLIP，它能有效地從自然語言監督中學習視覺概念。CLIP 可以應用於任何視覺分類基準，只需提供要識別的視覺類別的名稱，類似於 GPT-2 和 GPT-3 的「zero-shot」能力。

同一天，OpenAI 發佈了 DALL·E 模型，這也是一個具有很大影響力的模型，DALL·E 是一個 120 億個參數的 GPT-3 版本，它被訓練成使用文字 - 圖像對的資料集，從文字描述中生成圖像。DALL·E 可以創造動物和物體的擬人化版本，以合理的方式組合不相關的概念，渲染文字，以及對現有圖像進行轉換。DALL·E 的發佈再一次驚豔世人。

2021 年 8 月 10 日，OpenAI 發佈了 Codex。OpenAI Codex 是 GPT-3 的後代；它的訓練資料既包含自然語言，也包含數十億行公開的原始程

式碼，包括 GitHub 公用資料庫中的程式碼。OpenAI Codex 就是 Github Coplilot 背後的模型。當然，Codex 也沒有公佈，而是 OpenAI 收費的 API。

2022 年 1 月 27 日，OpenAI 發佈了 InstructGPT。這是比 GPT-3 更好的遵循使用者意圖的語言模型，同時也讓它們更真實。

同年 4 月 6 日，DALL·E 2 發佈，其效果比第一個版本更加逼真，細節更加豐富且解析度更高。在 DALL·E 2 正式開放註冊後，用戶數高達 150 萬，這個數字在一個月後翻了一倍。

6 月 23 日，OpenAI 透過影片預訓練在人類玩 Minecraft 的大量無標籤影片資料集上訓練了一個神經網路來玩 Minecraft，同時只使用了少量的標籤資料。透過微調，該模型可以學習製作鑽石工具，這項任務通常需要熟練的人類花費超過 20 分鐘。它使用了人類原生的按鍵和滑鼠運動介面，使其具有相當的通用性，並代表著向通用電腦使用代理邁出了一步。

9 月 21 日，OpenAI 發佈了 Whisper，這是一個語音辨識預訓練模型，結果逼近人類水準，支援多種語言。最重要的是，相比較不開源成果的其它模型，這是一個完全開源的模型，不過其參數也就 15.5 億。

11 月 30 日，OpenAI 發佈 ChatGPT 系統。ChatGPT 在很多問題上近乎完美的表現使得它僅僅 5 天就有了 100 萬用戶。它可以幫助我們寫程式、解釋技術，可以多輪對話，寫短劇甚至法律文書等等。

ChatGPT 的誕生徹底點燃了人工智慧賽道，也讓人們見識到 ChatGPT 母公司 OpenAI 的強大實力。

3.1.5 高估值背後的底氣

當前，OpenAI 已經成為全球當之無愧的獨角獸公司。微軟準備對 OpenAI 加碼的 100 億美元的投資，直接把 OpenAI 的估值推上 290 億美元高位。而 OpenAI 收入管道的豐富性，其投資版圖的前瞻性，也確實讓 OpenAI 具有高估值的底氣。

其中，訂閱費、API 許可費、與微軟深度合作所產生的商業化收入等，是目前 OpenAI 主要的收入管道來源。

從訂閱費來看，2023 年 2 月，OpenAI 公司宣佈推出付費試點訂閱計畫 ChatGPT Plus，定價每月 20 美元。付費版功能包括高峰時段免排隊、快速回應以及優先獲得新功能和改進等。當然，OpenAI 仍將提供對 ChatGPT 的免費存取權限。OpenAI 負責人 Natalie 在公告中稱，即使在需求很高時，ChatGPT Plus 也能提供可用性、更快的回應速度以及對新功能的優先訪問權。OpenAI 表示，從美國開始，該公司將逐步向所有用戶推出付費訂閱方案。

而僅僅是訂閱費，都將是 OpenAI 一筆可觀的收入。要知道，ChatGPT 僅用 2 個月時間，就達到了 1 億月活躍用戶量（MAU）的驚人數字。如果用最低的收費標準來看，假設有 10% 的人願意在之後付費使用，這已經給 OpenAI 帶來了 24 億美元的潛在年收入了。而 OpenAI 旗下另一個文字生成圖像的 DALL.E 應用，在 2022 年 9 月時就已經擁有 150 萬 MAU，再加上其更為專業的使用場景，也是給人很大的想像空間。

API 許可費則是將 GPT-3 等模型開放給別的商業公司使用，根據用量收取費用。透過整合以 GPT-3 為主的多個大型自然語言模型，獲得創業優勢，最為成功的案例正是 AI 寫作獨角獸公司 Jasper.ai。該公司的

產品在業內受到廣泛認可，Google、Airbnb、Autodesk、IBM 等都是其客戶，並在 2022 年得到 7500 萬美元年收入。2022 年 10 月 19 日完成 1.25 億美元的 A 輪融資，估值達到了 15 億美金，距離其產品上線僅 18 個月時間。

還有世界最大的開原始程式碼託管網站 Github 與 OpenAI 基於 GPT-3 合作打造的一款 AI 輔助程式設計工具——Copilot。在 2022 年 6 月開始收費後第一個月便擁有了 40 萬訂閱人數，用戶付費率為 1/3，遠高於一般的生產力軟體。可以看出，僅僅是基於 API 許可費的管道收入，也依然存在非常大的潛在市場空間可以挖掘。

此外，OpenAI 與微軟的深度合作，則是接下來 OpenAI 商業化的另一大重點。OpenAI 和微軟都認為，曾經的非營利性實驗室現在已經有可用來出售謀利的產品，商業化路徑是不可或缺的。

2023 年 2 月 1 日，微軟在旗下工作協同軟體 Teams 中推出進階服務，嵌入 ChatGPT 功能，可以自動生成會議筆記、推薦任務和個性化重點內容，並自動以話題為單位，將會議影片分為多個單元等，即使使用者錯過會議，也能獲得個性化重要資訊。Teams 進階服務價格為 7 美元 / 月。

2023 年 2 月 8 日，微軟宣佈由 ChatGPT 和 GPT-3.5 提供支援的全新搜尋引擎 Bing 和 Edge 瀏覽器正式亮相。微軟市值也因此在一夜間漲超 800 億美元，達到五個月來新高。微軟將 ChatGPT 整合進 Bing 搜尋引擎中無疑是一重磅消息。13 年來，微軟一直使出渾身解數，試圖與 Google 競爭搜尋引擎市場，但 Bing 的全球市場佔有率一直保持在較低的個位數——Google 擁有 90% 以上的市場佔有率，而 Bing 只有微不足道的 3%。但 12 月初 ChatGPT 的發佈與爆紅，卻徹底改變了這一局面。

面對 ChatGPT-3 成為了人工智慧的現象級產品之後，OpenAI 的總裁放出豪言，他説我們未來的 AI 大模型超越人的智慧。業內預測，GPT-4 的規模會達到 100 兆參數。相比起來，人類的大腦每個人有一千億個神經元，一百兆個突觸。也就是説，下一代 AI 大模型在參數量已經跟人類大腦裡面的突觸齊平。而 GPT-4 一旦進入一個更高變數的突變之後，其所表現出來的人工智慧將會更加智慧。

回到當下，OpenAI 仍是一家虧損中的創業公司，但 OpenAI 將行業領先的 GPT 自回歸語言模型拓展至商業化領域，成為史上達成 100 萬用戶數量最快的企業。OpenAI 預測，隨著 ChatGPT 成為吸引客戶的重要工具，其收入將會快速增長。媒體引述的一份檔案顯示，該公司預測 2023 年收入 2 億美元，2024 年收入預計超過 10 億美元。OpenAI 並未預測其支出的增長情況以及何時能夠轉虧為盈，但 OpenAI 潛在的商業化能力，已經讓網際網路科技巨頭們感到壓力。

3.2　微軟：和 ChatGPT 深度綁定

微軟是離 ChatGPT 及其母公司 OpenAI 最近的科技巨頭之一。而憑藉與 ChatGPT 的深度綁定，微軟似乎成為了當前的最大贏家，眾人矚目。

3.2.1　搜尋引擎之爭

對微軟來説，當前最大的收穫可能就在於搜尋業務。

2023 年 2 月 8 日淩晨，微軟正式推出由 ChatGPT 支援的最新版本 Bing 搜尋引擎和 Edge 瀏覽器，新 Bing 搜尋將以類似於 ChatGPT 的方式，回答具有大量上下文的問題。微軟 CEO 薩提亞·納德拉（Satya Nadella）在現場表示，「AI 將從根本上改變所有軟體，並從搜尋這個最大的類別開始」，並稱這是「搜尋的新一天」、「比賽從今天開始」。

具體來看，根據微軟官網顯示，如果想更快地訪問新 Bing，需要登陸微軟帳戶登錄，並默認 Bing 搜尋以及下載 Bing 搜尋（英文版）移動程式。結合了 ChatGPT 的新的 Bing，具有兩種搜尋模式，其中一種模式，是將傳統搜尋結果與 AI 註解並排顯示。藉助新的 Bing，用戶可以輸入最多 1,000 個單詞的查詢，並接收帶有註解的 AI 生成答案，這些答案將與來自網路的常規搜尋結果一起出現。另一種模式讓使用者直接與 ChatGPT 對話，我們可以在 ChatGPT 一樣的聊天介面中向其提問，進一步優化答案，縮短範圍，提供更加貼合用戶需求的答案。

根據微軟的說法，該公司預計在未來幾週內向數百萬人推出存取權限，並推出該體驗的移動版本。根據常見問題解答，當用戶透過候補名單並可以訪問新的聊天體驗時，會收到一封電子郵件，即成功體驗新 Bing。

ChatGPT 背後的母公司 OpenAI 首席執行官 Sam Altman 還證實，即將上線的微軟產品使用的是升級版的 AI 語言模型「普羅米修士」（Prometheus），比 ChatGPT 目前使用的 GPT-3.5 功能更強大。這意謂著，新的 Bing 聊天機器人可以向消費者簡要介紹時事，這比 ChatGPT 目前僅限於 2021 年的資料答案更進一步。

　　這是一個全新的產品形態。這意謂著搜尋引擎不再僅僅是搜尋引擎，更是個性化的搜尋引擎。個性化，就是當我們想要制定一份以減脂和增肌為主題的飲食計畫時，可以透過在聊天框輸入自己的喜好，比如不喜歡芹菜、不想要堅果、熱量保持在 800 大卡以內，諸如此類的要求輸入後，得到一份符合自己需求的飲食清單。這只是個性化的一個日常案例，但在傳統的搜尋引擎中，這樣的定制功能並不能夠實現。而現在，內建了 ChatGPT 的 Bing 搜尋不只在於說明使用者獲得資訊，更在於說明使用者更加高效且精準地獲得資訊。

　　除了在產品形態上對搜尋引擎進行升級外，內建了 ChatGPT 的 Bing 搜尋更對搜尋引擎市場造成了衝擊。在過去十幾年，Google 保持著國際搜尋市場的絕對統治地位。根據 Statcounter 資料，今年 1 月，Google 全球搜尋引擎市場的份額高達 92.9%，Bing 只有 3.03%。在美國市場，Google 份額也高達 88.11%，Bing 只有 6.67%。過去十年，Google 在美國的市場佔有率從 81% 增長到 88%，原先排第二和第三位 Bing 與 Yahoo 則日益萎縮。而後兩者的衰退，在 ChatGPT 走紅之前來看，似乎是難以遏制。

　　並且，在截至 6 月的 12 個月裡，微軟從搜尋、MSN 和其他新聞產品中獲得了 116 億美元的廣告收入，比前一年增長了 25%。其中，Bing 的廣告貢獻了大部分收入。相比之下，Google 搜尋在同一時期產生的收入，至少是 Bing 的 10 倍。在 2021 年，廣告業務為 Google 賺了 2080 億美元，占 Alphabet 總收入的 81%。

　　但現在，局面已然改寫。Bing 和 ChatGPT 的結合，將 Google 推向眾矢之的。面對一場全新的搜尋革命，越晚應對，就意謂著可能會有越

來越多的用戶流向微軟，流向 Bing，流向更加個性化的定制答案。傳統搜尋引擎的核心是在海量資訊中進行檢索和集合，而非資訊創造。但 Bing + ChatGPT 的組合並非如此，這種「AI 生成內容」的全新產品形態，已經變成了對行業的一種革新。

除了搜尋以外，此次微軟還更新了 Edge 瀏覽器，將 ChatGPT 版的 Bing 推廣到其他瀏覽器。當然，這也將加劇微軟 Edge 瀏覽器與 Google 瀏覽器之間的競爭，以提供更好的搜尋、更完整的答案、全新的聊天體驗和生成內容的能力。微軟表示，在新版 Edge 瀏覽器中，Bing 的 AI 功能還可以呈現財務結果或其他網頁的摘要，讓讀者不必理解冗長或複雜的文件，而且它也可以修正電腦代碼。

不只是搜尋市場的份額，對於科技企業來說，資料就是生命，就如同做硬體的廠商都想在手機這個領域分一杯羹一樣，而搜尋引擎無疑就是那個連接每一個使用者、能夠生成海量資料和資訊的源頭活水。可以說，ChatGPT 攪動的已然不是簡單的搜尋引擎之爭，更是一場龐大的資料和資訊之爭。而現在，微軟已經爭得了先機。

3.2.2　AI 革命的潮頭

微軟將 ChatGPT 整合進 Bing 搜尋引擎中，可以說是微軟的大動作，除此之外，微軟還宣佈旗下所有產品將全線整合 ChatGPT。包括且不限於 Bing 搜尋引擎、包含 Word、PPT、Excel 的 Office、Azure 雲端服務、Teams 聊天程式等。

比如，提升 Microsoft Word 中的自動完成功能，增強 Outlook 中的郵件搜尋結果，從而進一步提升 Office 的市場佔有率；在此之前，微

軟已經於去年將 OpenAI 發佈的 DALL-E 2 文字到圖像生成模型整合到了 Azure OpenAI 服務中，以及旗下的 Microsoft Designer 應用以及 Bing Image Creator 中，用戶可以透過描述行 Prompt 提示詞生成 AI 圖像。

2023 年 2 月 2 日，微軟旗下 Dynamics 365 產品線（ERP+CRM 程式）宣佈，其客戶關係管理軟體 Viva Sales 將整合 OpenAI 的技術，透過 AI 幫助銷售人員完成許多繁雜且重複的文字工作。具體來說，透過新上線的「GPT」功能，銷售人員能夠自動在 Outlook 郵件應用中生成對客戶報價、詢價、提供折扣等常見請求的回覆信件，並能自訂關鍵字讓 AI 去寫郵件。

在此之前，微軟宣佈將透過 OpenAI 和 ChatGPT 為市場提供工具和基礎設施，這意謂著 OpenAI 或將開放 ChatGPT 的 API 介面，透過技術的開放，讓市場快速補齊 AI 基礎設施、模型和工具鏈。有消息稱，微軟可能會在 2024 年問世的全新 Windows 12 作業系統中引入大量 AI 應用，徹底顛覆 Win11 之前的系列作業系統。

隨著世界繼續被 AI 所改變，這次微軟和 OpenAI 的結合可能只是一個開始。未來光明，而微軟和 OpenAI 都希望，自己能夠站在這場 AI 革命的潮頭。

3.3 Google：如何回應 ChatGPT 狂潮？

2022 年，市值 1.4 兆美元的 Google 公司，從搜尋這塊業務，獲得了 1630 億美元的收入，營運了 20 多年的 Google，在該搜尋領域中保持了高達 91% 的市場佔有率 —— 直到 ChatGPT 出現。曾經很多對

手試圖與 Google 正面競爭，但他們都失敗了。然而，2022 年年底，OpenAI 的 ChatGPT 橫空出世，搜尋巨頭 Google 直接拉響了「紅色警報」（code red），隨後，Google 一面加大投資、另一面緊急推出對抗 ChatGPT 的產品。

ChatGPT 給 Google 帶來了怎樣的衝擊？暫時落於下風的 Google，會如何回應這場猝不及防的對戰？

3.3.1　被挑戰的搜尋引擎

曾經，Google 搜尋被認為是一個無懈可擊且無法被替代的產品——它的營收和財務非常耀眼，市場佔有率佔據了市場領先地位，並且得到了用戶的認可。

這當然離不開 Google 搜尋背後的技術，Google 搜尋技術的工作原理就是結合使用演算法和系統對網際網路上數十億個網頁和其他資訊進行索引和排名，並為用戶提供相關結果以回應他們的查詢。

在抓取和索引方面，Google 使用自動機器人來掃描網際網路並搜尋新的或更新的網頁。每個頁面的資訊都儲存在 Google 的索引中，這是一個包含數十億網頁資訊的龐大資料庫。在相關性確定上，當用戶執行搜尋時，Google 則會使用一組演算法來確定其索引中每個網頁與用戶查詢的相關性。相關性是透過查看頁面內容、使用者位置和搜尋歷史以及連結到該頁面的其他頁面的相關性等因素來確定的。

另外，根據每個頁面的相關性，Google 為每個頁面計算一個「排名」，並使用它來確定頁面在搜尋結果中的顯示順序。排名計算中最重

要的部分就是 PageRank 演算法，它根據指向每個頁面的連結的數量和品質為每個頁面分配一個排名。

傳統的搜尋引擎往往是檢查關鍵字在網頁上出現的頻率。PageRank 技術則把整個網際網路當作了一個整體對待，檢查整個網路連結的結構，並確定哪些網頁重要性最高。更具體一點，就是如果有很多網站上的連結都指向頁面 A，那麼頁面 A 就比較重要。PageRank 對連結的數量進行加權統計。對來自重要網站的連結，其權重也較大。這種演算法是完全沒有任何人工干預的，廠商不可能用金錢購買網頁的排名。最後，根據計算出的排名，Google 生成相關結果列表，並以搜尋結果頁面的形式呈現給使用者。結果按相關性排序，最相關的結果排在最前面。

PageRank 演算法使 Google 能夠提供比其競爭對手更好、更精確的結果，這證明了 Google 的技術實力，並且在 Google 的發展壯大中發揮著大作用。這種在當時非常敏銳的技術，帶來了卓越的產品──Google 不僅是最為有用的搜尋引擎，它也是快速、且直觀的。比如，其他搜尋引擎允許廣告商在發佈的資訊中使用圖片，而 Google 卻沒有。很簡單，圖片會降低網頁的載入速度，降低使用者體驗。

憑藉良好的用戶體驗，Google 在搜尋引擎行業也一路狂飆，在搜尋領域中保持了高達 91% 的市場佔有率──直到 ChatGPT 出現。

ChatGPT 讓搜尋引擎不只是搜尋引擎，而成為了一種更具智慧且個性化的產品。使用 ChatGPT 的感覺像是，我們給一個智慧盒子輸入需求，然後收到一個成熟的書面答覆，這個答覆不僅不會受圖像、廣告和其他連結的影響，還會「思考」並生成它認為能回答你的問題的內容，這顯然比原來的搜尋引擎更具吸引力。

3.3.2 Google 迎戰 ChatGPT

爆紅的 ChatGPT 吸引了全世界的目光，讓 Google 也感受到了危機。

投資方面，2023 年 2 月 4 日，Google 旗下雲端運算部門 Google Cloud 宣佈，其與 OpenAI 競爭對手 Anthropic 建立新的合作夥伴關係，Anthropic 已選擇 Google Cloud 作為首選雲提供商，為其提供 AI 技術所需的算力。據英國《金融時報》報導，為了這次合作，Google 向 Anthropic 投資了約 3 億美元，獲得了該公司 10% 的股份，新融資將使 Anthropic 投資後估值增至近 50 億美元。

產品方面，2 月 7 日淩晨，Google CEO 桑德爾 · 皮查伊（Sundar Pichai）宣佈，Google 將推出一款由 LaMDA 模型支援的對話式人工智慧服務，名為 Bard。

皮查伊稱這是「Google 人工智慧旅途上的重要下一步」。他在博客文章中介紹稱：Bard 尋求將世界知識的廣度與大型語言模型的力量、智慧和創造力相結合。它將利用來自網路的資訊來提供新鮮的、高品質的回覆。它既是創造力的輸出口，也是好奇心的發射台。他還表示，Bard 的使用資格將首先「發放給受信任的測試人員，然後在未來幾週內開放給更廣泛的公眾」。

但全球爆紅的 ChatGPT 已經和微軟深度綁定，ChatGPT 的 API 也將放在微軟的 Azure 雲上。Google 作為這個領域幾乎唯一嚴肅的競爭對手，雖然沒有指名道姓，但 Bard 對話式 AI 服務的定位，很明顯是 Google 為了應對 OpenAI 的 ChatGPT 而推出的競爭產品，而在搜尋引擎

中加入更多的、更強大的 AI 功能，也是為了對抗在 ChatGPT 加持下的微軟 Bing 搜尋引擎。

但不幸的是，Google 在首次發佈 Bard 時，就在首個線上 Demo 影片中犯了一個事實性錯誤。在 Google 分享的一段動畫中，Bard 回答了一個關於詹姆斯・韋伯太空望遠鏡新發現的問題，稱它「拍攝了太陽系外行星的第一批照片」。

然而，這是不正確的。有史以來第一張關於太陽系以外的行星，也就是系外行星的照片，是在 2004 年由智利的甚大射電望遠鏡（Very Large Array, VLA）拍攝的。一位天文學家指出，對於這個問題可能是因為人工智慧誤解了「美國國家航空航天局（Nasa）低估歷史的含糊不清的新聞稿」。這一錯誤也導致開盤即暴跌約 8%，市值蒸發 1020 億美元（6932.50 億人民幣）。Bard 回答出錯致 Google 市值蒸發千億，Bard 正式版上線時間仍未定。

此前 Pichai 還指出，Bard「利用網路資訊提供新鮮、高品質的回覆」，這表明它可能能夠回答 ChatGPT 難以解決的、有關最近事件的問題。比如，Bard 可以幫你向 9 歲的孩子解釋 NASA 的詹姆斯・韋伯太空望遠鏡的新發現，或者為你提供關於當前足球界最佳前鋒的資訊。外界認為，這次關於 Bard 匆忙、資訊含糊不清的公告，很可能是 Google「紅色警戒」的產物。此前，Google 旗下公司英國 DeepMind 發佈了聊天機器人 Sparrow，而且 Google 還推出了 AI 音樂模型 MusicLM。

2023 年 2 月 3 日財報電話會議上，Pichai 表示，Google 將在「未來幾週或幾個月」推出類似 ChatGPT 的基於人工智慧的大型語言模型，使用者很快就能以「搜尋伴侶」的形式使用語言模型。

Google 的第 23 號員工、Gmail 的締造者保羅·布赫海特此前表示，Google 將會在一兩年內被徹底顛覆——當人們的搜尋需求能夠被封裝好的、語義清晰的答案滿足，搜尋廣告將會沒有生存餘地。而佔據全球接近 84% 搜尋市場的 Google，到現在仍然是一家 50% 營收直接來自搜尋廣告的公司。

3.3.3　那條沒有走的路

事實上，在 AI 領域，Google 的成績並不輸給任何一家科技巨頭。2014 年，Google 收購 DeepMind，曾被外界認為是一種雙贏。一方面，Google 將行業最頂尖的人工智慧研究機構收入麾下，而燒錢的 DeepMind 也獲得了雄厚的資金和資源支援。而 DeepMind 一直是 Google 的驕傲。作為 Google 母公司 Alphabet 的子公司，DeepMind 是世界領先的人工智慧實驗室之一。成立 13 年，它交出的成績單，十分亮眼。

2016 年，DeepMind 開發的程式 AlphaGo 挑戰並擊敗了世界圍棋冠軍李世乭，而相關論文也登上了《自然》雜誌的封面。許多專家認為，這一成就比預期中提前了幾十年。AlphaGo 展示了贏得比賽的創造性，在某些情況下甚至找到了挑戰數千年圍棋智慧的下法。

2020 年，AlphaFold 大爆。在圍棋博弈演算法 AlphaGo 大獲成功後，DeepMind 又轉向了基於氨基酸序列的蛋白質結構預測，提出了名為 AlphaFold 的深度學習演算法，並在國際蛋白質結構預測比賽 CASP13 中取得了優異的成績。DeepMind 還計畫發佈總計 1 億多個結構預測——相當於所有已知蛋白的近一半，是蛋白質資料銀行（PDB-Protein Data Bank）結構資料庫中經過實驗解析的蛋白數量的幾百倍之多。

在過去半個多世紀，人類一共解析了五萬多個人源蛋白質的結構，人類蛋白質組裡大約 17% 的氨基酸已有結構資訊；而 AlphaFold 的預測結構將這一數字從 17% 大幅提高到 58%；因為無固定結構的氨基酸比例很大，58% 的結構預測幾乎已經接近極限。這是一個典型的量變引起巨大的質變，而這一量變是在短短一年之內發生的。

2022 年 10 月，DeepMind 研發的 AlphaTensor 登上了自然雜誌封面，這是第一個用於為矩陣乘法等基本計算任務發現新穎、高效、正確演算法的 AI 系統。

此外，Google 發明的 Transformer，是支撐最新 AI 模型的關鍵技術，也是 ChatGPT 的底層技術。最初的 Transformer 模型，一共有 6500 萬個可調參數。Google 大腦團隊使用了多種公開的語言資料集來訓練這個最初的 Transformer 模型。這些語言資料集就包括了 2014 年英語—德語機器翻譯研討班（WMT）資料集（有 450 萬組英德對應句組），2014 年英語—法語機器翻譯研討班資料集（有 3600 萬組英法對應句組），以及賓夕法尼亞大學樹庫語言資料集中的部分句組（分別取了數庫中來自《華爾街日報》的 4 萬個句子，以及另外的 1700 萬個句子）。而且，Google 大腦團隊在文中提供了模型的架構，任何人都可以用其搭建類似架構的模型，並結合自己手上的資料進行訓練。也就是説 Google 所搭建的人工智慧 Transformer 模型，是一個開源的模型，或者説是一種開源的底層模型。

而在當時，Google 所推出的這個最初的 Transformer 模型在翻譯準確度、英語成分句法分析等各項評分上都達到了業內第一，成為當時最先進的大型語言模型。ChatGPT 正是使用了 Transformer 模型的技術

和思想，並在 Transformer 模型基礎上進行擴展和改進，以更好地適用於語言生成任務。正是基於 Transformer 模型，ChatGPT 才有了今天的成功。

並且，Google 曾經也有機會走 ChatGPT 的這條路──在聊天機器人領域，Google 並非處於下風。早在 2021 年 5 月的 I/O 大會上，Google 的人工智慧系統 LaMDA 一亮相就驚豔了眾人。LaMDA 可以使問題的回答更好更自然。甚至在去年 6 月，Google 的工程師 Blake Lemoine 竟然和 LaMDA 聊出了感情，並堅信它不僅已經有了八歲孩子的智力，而且是「有意識的」。根據一些資訊透露，Google 的 LaMDA 聊天機器人，性能遠超 ChatGPT。

另外，Google 也聲稱，自家模型 Imagen 的圖像生成能力，要優於 Dall-E，以及其他公司的模型。不過，略顯尷尬的是，Google 的聊天機器人和圖像模型，目前只存在於「聲稱」中，市場上還沒有任何實際產品。

Google 會這樣做，其實也不難理解。一方面，長期以來，Google 秉持的宗旨是，使用機器學習來改進搜尋引擎和其他面向消費者的產品，並提供 Google Cloud 技術作為服務。搜尋引擎，始終是 Google 的核心業務。

另一方面，則是因為 Google 擔心由於 AI 聊天機器人還不夠成熟，可能會犯一些可笑的錯誤而給 Google 帶來「聲譽風險」，同時，Google 也擔心能精準回答用戶的聊天機器人，反而會顛覆公司當前的核心業務，即搜尋，從而蠶食公司利潤豐厚的廣告業務。

只是 Google 也沒想到 ChatGPT 之類的大語言模型，在商業上帶來的會是一種顛覆性的創新。當顛覆性的產品變得越來越好，自然對 Google 造成了越來越嚴峻的危機。在這樣的情況下，最近，Google 的動作是，宣佈升級搜尋引擎，讓用戶可以輸入更少的關鍵字，獲得更多的結果。因為相比於 Google 而言，ChatGPT 的這個創業團隊沒有歷史的商業包袱，追求的目標比較純粹，就是要在人工智慧的文字處理與溝通這個方向上達到類人的程度，就是追求一種顛覆，使技術與產品成為真正的可使用的智慧化。

不過，對於 Google 面臨的危機，Stability AI 的創始人 Emad Mostaque 評論道：Google 仍然是大型語言模型（LLM）領域的領導者，在生成式 AI 的創新上，他們是一支不可忽視的力量。

3.4 Apple：基於 AIGC 的發展

在微軟擁抱 ChatGPT 之後，除了 Google 率先展開防禦動作外，其他的網際網路科技巨頭也分別做出了行動。作為全球市值第一的科技股，Apple 公司 CEO 提姆‧庫克（Timothy Donald Cook）在 2 月 3 日財報電話會議上表示，AI 是 Apple 佈局的重點。這是令人難以置信的技術，它可以豐富用戶的生活，能夠為 Apple 在（去年）秋季發佈的碰撞檢測、跌倒檢測或者心電圖功能的產品賦能。Apple 在這個領域看到了巨大的潛力，幾乎可以影響一切。

庫克強調，AI 是一項橫向技術，而不是縱向技術，因此它將影響我們所有的產品和服務。一直以來，Apple 也是如此做的。

3.4.1 AIGC 的無限可能

ChatGPT 的橫空問世，對於 Apple 的影響是兩面性的。一方面，ChatGPT 讓 Apple 看到了 AIGC 的無限可能 ——ChatGPT 就是典型的 AIGC 中文字生成落地案例之一。而 Apple 在此前，其實就已經基於圖文生成 AI——Stable Diffusion 進行了二次開發。Stable Diffusion 不僅開源，而且模型出奇的小：剛發佈時，它就已經可以在一些消費類顯卡上運行；幾週之內，它就被優化到可以在 iPhone 上運行了。

基於此，Apple 的機器學習團隊在 2022 年 12 月發佈了一則公告，具體內容主要是兩方面，一方面，Apple 優化了 Stable Diffusion 模型本身——Apple 可以這樣做，因為它是開源的；另一方面，Apple 更新了作業系統，得益於 Apple 的整合模式，它已經針對自己的晶片進行了調整。

與此同時，Stable Diffusion 本身可以內建到 Apple 的作業系統中，並為任何開發人員提供易於訪問的 API。在 Apple Store 時代，Apple 聽起來很像是贏家 —— Apple 公司贏在生態優勢，而小型獨立應用程式製造商則擁有 API 和分銷管道來建立新的業務。雖然 Apple 設備上的 Stable Diffusion 不會佔領整個市場，但內建的本地能力將影響集中式服務和集中式計算的最終可處理市場。

3.4.2 用戶使用黏性的挑戰

另一方面，在 ChatGPT 的影響下，再加上 Google 推出了其 AI 聊天機器人 Bard，以及微軟即將舉行 AI 發佈會，也給 Apple 等科技巨頭們帶來了不小的挑戰與壓力。就目前呈現給外界的 AI 成果來看，Apple 在

AI & ML 方面似乎已經落後於 Google、Facebook、微軟、亞馬遜等競爭對手，這主要體現在 iPhone 內建的 Siri 智慧語音助手產品上。Siri 智慧語音助手可以說是 Apple AI 技術產品化最直接的呈現，並且經過了多年的用戶使用並優化，目前還是經常被用戶詬病，並且沒有足夠的用戶使用黏性。

一項技術一旦沒有足夠的用戶使用黏性，通常最直觀反應的問題就是這類產品離使用者的想像有比較大的偏差，或者說是產品的使用體驗不太好。而用戶不好的使用體驗就會反過來進一步的降低與減少用戶的使用熱情，從而使得訓練資料的獲取變得越來越少。這就會導致 AI 產品的迭代進入一個惡性循環的模式，產品的升級優化速度就會變得越來越慢，這正是目前 Apple 的 Siri 智慧語音助手所面臨的困境。

也正因如此，業內有一種說法認為，Apple 在人工智慧領域屬於「後來者」。庫克也認識到了 AI 對於一家巨頭公司在這個時代的重要性，也在大力推動 Apple 在 AI 方面的研究。庫克也意識到了 Apple 公司在人工智慧領域與其他巨頭科技公司的這種差距，他們目前也在想辦法修正這種差距。尤其是在當前由 ChatGPT 所引發的人工智慧革命，這類產品對於 Apple 而言尤其重要。

據 Mark Gurman 表示，受到最近 AI 技術事件的影響，Apple 將於 2023 年 2 月份在總部舉行（原定的）年度內部 AI 峰會。這次 AI 峰會就像是一次專門為 AI 舉行的 WWDC 大會，但僅限於 Apple 內部員工參與。或許我們也可以理解為 Apple 的焦慮，為了應對 ChatGPT 所引發的人工智慧變革浪潮，Apple 在內部舉辦一個專門的內部討論會，並希望能夠獲得一些更好的建議與解決方案。

　　當然，也不是説 Apple 在 AI 方面毫無建樹，只是其技術大多與自家產品深度綁定，其在 AI 的技術探索方向上，更多的是側重藉助於 AI 來提升自身產品的性能，例如晶片與攝影，圖片與分類等，而且又屬於是「藏著掖著」的那種做派。Apple 的這種不斷緩慢的迭代升級，不論是在軟體還是在硬體層面上的這樣一種策略，在沒有 ChatGPT 所引發的人工智慧革命性的變革之前，這是非常好的一種策略，也是商業利益最大化的一種策略。而過往，不論是 Apple 的產品發佈會還是開發者大會，都傾向於突出軟體和硬體產品的優化、升級與創新，AI 只是其背後的一種支援技術。

　　然而 ChatGPT 的這種技術，其實正是 Apple Siri 夢寐以求的樣子。不論是對於 Apple 的 Siri，還是 Apple 所建構的 IOS 系統生態圈，如果 Apple 繼續將 AI 的研發重心放在服務硬體的優化層面，如果沒有類似 ChatGPT 性能的產品，Apple 將面臨巨大的危機。雖然我們目前還不清楚 Apple 這麼多年來在 AI 方面藏有什麼樣的底牌，但留給 Apple 的時間已經不多了。相信在今年，Apple 在 AI 方面到底有多少底牌，都將會呈現在大家面前。

3.5　Meta：AI 探索之困

　　當前，Meta 正在加速 AI 的商業化落地，顯然，對 Meta 來説，AIGC 是一個巨大的機會。

3.5.1 不是創新性發明

值得一提的是，面對 ChatGPT 的浪潮，Meta 首席人工智慧科學家 Yann LeCun 對 ChatGPT 的評價並不高，他認為，從底層技術上看，ChatGPT 並不是什麼創新性、革命性的發明。LeCun 表示，過去很多公司和研究實驗室都建構了這種資料驅動的人工智慧系統，認為 OpenAI 在這類工作中是孤軍奮戰的想法是不準確的。除了 Google 和 Meta，還有幾家初創公司基本上都擁有非常相似的技術。此外，LeCun 還進一步指出，ChatGPT 及其背後的 GPT-3 在很多方面都是由多方多年來開發的多種技術組成的。LeCun 認為，與其說 ChatGPT 是一個科學突破，不如說它是一個像樣的工程實例。

LeCun 的言論也引來了一些爭議。有人批評他太過傲慢，自己沒有做出類似的東西，卻在別人做出來的廣泛可用的產品裡挑刺。不管是不是可以稱之為「突破」，ChatGPT 的成功是毋庸置疑的。因此，大眾不免好奇，LeCun 組織的 Meta 人工智慧團隊 FAIR 是否會像 OpenAI 那樣在公眾心目中取得突破。

對此，LeCun 的回答是肯定的。LeCun 為 FAIR 畫下了「生成藝術」的大餅。他提出，Facebook 上有 1200 萬商鋪在投放廣告，其中多是沒有什麼資源定制廣告的夫妻店，Meta 將透過能夠自動生成宣傳資料的 AI 說明他們做更好的推廣。在被問及為什麼 Google 和 Meta 沒有推出類似 ChatGPT 的系統時，LeCun 回答說：「因為 Google 和 Meta 都會因為推出編造東西的系統遭受巨大損失」。而 OpenAI 似乎沒有什麼可失去的。

其實 Meta 首席人工智慧科學家 Yann LeCun 對 ChatGPT 的評價，是當前一些人工智慧領域專家的共同看法，就是以專業技術的視角看待 ChatGPT，而非商業應用的視角。也正如 Google 一樣，在人工智慧領域走的最快，研究的最廣，技術實力也最強，但最終還是推出類 ChatGPT 的產品，反而被 OpenAI 在人工智慧的現象級應用方面反超，並給 Google 自身帶來了巨大的挑戰。

3.5.2　AI 落地有多難？

事實上，Meta 從 2013 年便開始大規模投入 AI 研究，LeCun 主導成立的 FAIR，在很長一段時間裡和 DeepMind、OpenAI 並肩走在時代前列，2022 年 1 月，FAIR 併入 Reality lab 成為下屬子部門。

2022 年，Meta 在生成模型層面進展也一直在加速：2022 年 1 月發佈語音生成模型 Data2vec，該模型可以以相同的方式學習語音，視覺和文字，並於 2022 年發佈 Data2Vec2.0，大幅提高了其訓練和推理速度；2022 年 5 月發佈開源的語言生成模型 OPT（Open Pre-trained Transformer），同 GPT3 一樣使用了 1750 億參數，並於 2022 年 12 月發佈其更新版本 OPT-IML，還將為非商業研究用途免費開放；2022 年 7 月發佈圖片生成模型 Make-A-Scene；2022 年 9 月發佈影片生成模型 Make-A-Video.

不過，Meta 對 ChatGPT 的探索之路也受到阻礙。2022 年 11 月 15 日，由 Meta 開發的 AI 語言大模型 Galactica 曾短暫上線過，旨在運用機器學習來「梳理科學資訊」，結果卻大量散佈了錯誤資訊，僅 48 小時，Meta AI 團隊火速「暫停」了演示。媒體分析稱，就在 Meta 因 Galactica

的失敗而「一蹶不振」後，其他矽谷網際網路巨頭則先後斥鉅資加入這場「生成式 AI」熱潮中，讓 Meta 追趕乏力。

客觀來看，Meta 的優勢在於有巨大的資料中心，但主要是 CPU 集群，用來支撐 Meta 基於確定性的廣告模型和網路內容推薦演算法業務。

然而，Apple 的透明追蹤技術卻對 Meta 造成了極大的衝擊：2021年 4 月 26 日，Apple「應用追蹤透明」（App Tracking Transparency，簡稱 ATT）隱私採集許可新政正式實施，用戶可以有權利自主選擇是否被應用開發者追蹤的自主權利，即模糊歸因了廣告的投放效果。要知道，Meta 是美國市場投放第一大平台，在 ATT 之前，Meta 可以從內部收集資料廣告商的應用和網站，非常確定哪些廣告導致了哪些結果。這反過來又讓廣告商有信心在廣告上花錢，不在乎成本投入，而是著眼於可以產生多少收入。ATT 切斷了 Meta 廣告與轉化之間的聯繫，將後者標記為協力廠商資料並因此進行追蹤。這不僅降低了公司廣告的價值，還增加了廣告轉化的不確定性。Apple 政策發佈當日，Facebook 股價應聲下跌 4.6％。可以說，ATT 對 Meta 的傷害比任何其他公司都大。

雖然 ATT 的長期解決方案是建立概率模型，不僅要弄清楚客戶目標，還要瞭解哪些廣告轉化了，哪些沒有。這些概率模型將由大規模的 GPU 資料中心建立，一張 NVIDIA 顯卡成本為五位數，如果是過去那樣的確定性的廣告模型，Meta 並不需要投資更多的 GPU ，但技術在進步，Meta 需要面對全新的時代，在客戶定位和轉化率層面投入更多。

讓 Meta 的人工智慧發揮作用的一個重要因素，不是簡單地建立基礎模型，而是不斷地針對個別用戶進行調整，這是最複雜的一部分，Meta 必須弄清怎麼低成本地提供個性化使用者服務，同時 Meta 的產品

也愈發整合化。顯然，從網際網路中推薦內容比只從你的朋友和家人那裡推薦內容要困難許多，特別 Meta 打算不僅推薦影片，還推薦所有類型的媒體，並將其與你關心的內容穿插在一起，這種情況下，人工智慧模型將成為關鍵，而建立這些模型需要花費大量資金購買設備。長遠來看，雖然 Meta 之前投資人工智慧的主線是個性化推薦，但這些與生成模型 2022 年的突破相結合，最終歸宿是個性化內容，這些內容將會通過 Meta 的管道。正如薩姆 - 萊辛（Sam Lessin）曾說：演算法的終局是 AIGC。

不過，在 Meta 奔向 AIGC 的道路上，還有一個巨大的困境，就是知識污染與資料治理。在人類社會接入網際網路後，所生產的資料量始終以指數級增長，而在網際網路社交領域，資料的混沌程度也是整個網際網路行業之最尤其是在從 UGC 時代走進 AIGC 時代之後，非本質事實資料的自我繁衍能力將超越人類想像且難以受控，人類知識資料庫將不可避免的遭遇污染危機，基於這些資料而訓練的 AIGC 難免最終滑向資料失控與混亂的深淵。

3.6 亞馬遜：新機還是危機？

3.6.1 AI 與雲端運算走向融合

面對 ChatGPT 的爆發，在圖像和文字生成這樣的 C 端場景中，亞馬遜的優勢似乎不太明顯，重要的是亞馬遜雲科技（AWS）——亞馬遜雲科技是雲端運算的開創者和引領者，亞馬遜雲科技的成功引爆了雲端運算革命，這也是亞馬遜在 ChatGPT 浪潮下的新機會。

2022 以來，AIGC 藉助圖片生成領域的爆款應用成功爆紅，ChatGPT 更是讓整個人工智慧領域看到了向 2.0 階段躍進的希望。其中，Stability AI 的圖片生成引擎由其開源演算法 Stable Diffusion 驅動，其用關鍵字生成的圖片不但拿到了比賽大獎，還讓美工、設計師們感受到了空前的競爭壓力。Stable Diffusion 在訓練階段就跑了 15 萬個 GPU 時，商業化之後 Stability AI 迅速和亞馬遜雲科技合作建了一個 4000 塊 A100 組成的大型雲端運算集群。

現在，Stability AI 正憑藉著超強的算力資源，準備進軍下一個熱門領域 AI for Science，已經聚集了 EleutherAI 和 LAION 等知名開源專案，以及生物模型 OpenBioML、音樂生成 Harmonai、人類偏好學習 Carperai 等更多前沿探索。未來使用擴散模型去生成 DNA 序列，更將是有望惠及全球數十億人的研究方向。Stability AI 的成功絕不是偶然，AI 與雲端運算的高度融合正在推動各類應用快速落地，過去是把各種應用遷移到雲端，而現在應用本身向雲原生演進已經為更具前瞻視野的科技大廠們共識。雲原生應用不只是在雲端訓練演算法，而是在雲端整合整個開發、交付、部署、運維的全過程。AI 採用雲原生開發環境，既可以大幅縮減配置伺服器的開銷，又可以節約海量訓練資料的傳輸成本。

根據最新財報顯示，亞馬遜、微軟、Google 等全球頭部雲廠商的雲端運算業務均出現營收增速下滑的現象。這讓它們急切希望找到新的突破口，打開增量市場。ChatGPT 的全球爆紅釋放出一個訊號：生成式 AI 帶來的潛在繁榮或將再次提振市場對雲端服務的需求。

微軟管理層在 2023 財年二季度（即 2022 年四季度）財報後的電話會議中說，微軟正在用 AI 模型革新計算平台，新一輪雲端運算浪潮

正在誕生。Google 同樣加入了 AI 計算的競備賽。Google 首席執行官桑德爾・皮查伊表示：「我們最新的人工智慧技術如 LaMDA、PaLM、Imagen 和 MusicLM 正在創造全新的方式來處理資訊，從語言和圖像到影片和音樂。」顯然，Google 與微軟態度一致，都將 AI 計算作為了爭奪話語權的一個焦點。

亞馬遜作為一個典型的平台型企業，則是把重點放在為用戶提供基本的公有雲端服務，如計算、儲存、網路、資料庫等上面，基本不觸碰上層應用，把空間留給合作夥伴。實際上，亞馬遜雲科技也是亞馬遜最大的商業競爭力，目前，亞馬遜雲科技已成長為全球最大的公有雲平台。在基礎設施層面，亞馬遜雲科技擁有遍及全球 27 個地理區域的 87 個可用區，覆蓋 245 個國家；在市場佔有率層面，亞馬遜雲科技佔據全球公有雲市場的 1/3 以上；在產品服務層面，亞馬遜雲科技是全球功能最全面的雲平台，提供超過 200 項功能齊全的服務，而且每年推出的新功能或服務數量飛快上漲；在使用者及生態層面，針對金融、製造、汽車、零售快消、醫療與生命科學、教育、遊戲、媒體與娛樂、電商、能源與電力等重點行業，亞馬遜雲科技都組織了專業的團隊，這使得亞馬遜不僅擁有數百萬客戶，還擁有最大且最具活力的社群。

對於 ChatGPT，亞馬遜給予了極高評價。當前，ChatGPT 已經被亞馬遜用於許多不同的工作職能中，包括回答面試問題、編寫軟體程式碼和建立培訓文件等。但這並不意謂著亞馬遜不重視 AI 計算這個風口。

實際上，亞馬遜 AWS 能夠提供多種人工智慧服務，包括 Amazon Lex、Amazon Rekognition、Amazon SageMake 等，涉及語音合成、自然語言生成和電腦視覺等多個細分領域。正如 Stability AI 和亞馬遜雲科

技的合作一樣，使用亞馬遜雲科技的重磅產品 Amazon SageMaker，在瀏覽器中即可輕鬆部署預訓練模型，此後的微調模型和二次開發過程更可省去繁瑣的配置。

另外，AI 計算需要大規模採購 GPU 算力。根據 Stability AI 的創始人兼首席執行官 Emad Mostaque 的說法 ，該公司使用了 256 台 Nvidia A100，所有顯卡總計耗時 15 萬小時，市場價格為 60 萬美元，不過，更大的需求是推理，即實際應用模型來產生圖像或文字，每次在 MidJourney 中生成圖像，或在 Lensa 中生成頭像時，推理都是在雲端的 GPU 上運行。

目前英偉達 80GB 顯存的 A100 顯卡售價約 1.7 萬美元，每張卡在雲端運算平台租用約為 4 美元 / 小時。Stable Diffusion 需要 256 張 A100 訓練，約 24 天，並向 AWS 支付 15 萬小時的價格。不過，相比於動輒千億參數幾百上千萬美元開銷的語言生成模型，這已經是很低的價格。

當然，AI 計算方面，亞馬遜還需要面對 ChatGPT 和微軟綁定對其業造成的衝擊。當前，ChatGPT 母公司 OpenAI 不僅建立了自己的模型，還與微軟達成了計算能力的優惠協定，長遠來看，或許亞馬遜不得不廉價出售 GPU 算力，才會刺激更加繁榮的生成式應用。

3.6.2　亞馬遜電商會被攻破嗎？

在過去很長一段時間裡，亞馬遜都是全球一家獨大的「電商之王」。當然，這離不開多年來打造的幾個殺手鐧。總結起來大致可以分為三大點：一是在商家端的 FBA（Fulfillment by Amazon）服務，二是在用戶端的 Prime 會員模式，三是亞馬遜在技術上的支撐。

技術方面，除了雲科技外，亞馬遜的機器學習也已有 20 餘年的歷史，早在 1998 年，Amazon.com 就上線了基於物品的協同過濾演算法，這是業界首次將推薦系統應用於百萬物品及百萬使用者規模。比如，亞馬遜商城的「看了又看」功能背後就是協同過濾演算法在支撐。

這項功能會在商城中提醒用戶，「購買了你的購物車裡的這本書的另一位顧客，也購買了以下這些書。」也就是説，演算法根據「有相似購買行為的用戶可能喜歡相同物品」來進行推薦。演算法首先根據使用者購買歷史評估使用者之間的相似性，然後就可以根據其他使用者的喜好，對你進行商品推薦。

協同過濾演算法的其它思想還包括「相似的物品可能被同個用戶喜歡」（比如，對購買了籃球鞋的使用者推薦籃球）、模型協同過濾（比如SVD）等，後者是為了應對亞馬遜商城的超大資料規模產生的超高運算量而採用的降維方法。這項技術造就了後來享譽業界的創新——亞馬遜電商「千人千面」的個性化推薦。

個性化推薦可以增加內容互動，降低獲客成本，提高用戶留存率和黏性。獲客機會的提高帶來了整體業務效率的提升，從而能夠對用戶進行更深層次的需求挖掘，比如在促銷活動中等推薦場景。如果不能對用戶進行深層次挖掘，很難做到千人千面，無法深入到長尾產品，不利於長久營運。

在這樣的背景下，2021 年 3 月，亞馬遜還推出了 Amazon Personalize，一項用於建構個性化推薦系統的完全託管型機器學習服務。亞馬遜擁有20 多年的個性化推薦服務經驗的積累，Amazon Personalize 正是將亞馬遜 20 多年的推薦技術累積建構成平台，進行對外服務的嘗試。

一方面，Amazon Personalize 中的推薦篩檢程式可說明使用者根據業務需求對推薦內容進行微調，客戶無需分神設計任何後處理邏輯。推薦篩檢程式可對使用者已經購買的產品、以往觀看過的影片以及消費過的其他數位內容進行過濾與推薦，藉此提高個性化推薦結果的準確率。以往推薦系統提供的推薦內容往往準確率較低，此類推薦可能影響用戶情緒、導致用戶參與度降低，最終引發業務營收損失。

另一方面，Amazon Personalize 中的推薦篩檢程式可說明使用者根據業務需求對推薦內容進行微調，客戶無需分神設計任何後處理邏輯。推薦篩檢程式可對使用者已經購買的產品、以往觀看過的影片以及消費過的其他數位內容進行過濾與推薦，藉此提高個性化推薦結果的準確率。以往推薦系統提供的推薦內容往往準確率較低，此類推薦可能影響用戶情緒、導致用戶參與度降低，最終引發業務營收損失。

並且，當新用戶在進入電商網站的時候，網站可以立刻透過一些基本註冊資訊來預測新使用者潛在的購物需求。Amazon Personalize 即使是針對新用戶也能有效地生成推薦，並為用戶找到相關的新專案推薦。

可以說，亞馬遜的「個性化推薦」是亞馬遜電商的底氣所在，根據亞馬遜近幾個季度財報，亞馬遜公司的廣告收入正在節節攀升，而這些收入正是從賣家身上「薅」來的。2014 年在亞馬遜投放廣告的單次點擊費用才僅約 0.14 美分，但到了 2022 年初單次點擊已經飆升到了約 1.60 美元。

然而，所謂的「個性化推薦」卻因為 ChatGPT 的到來而受到挑戰。ChatGPT 應用於電商的優勢就在於智慧且精準的「個性化推薦」，ChatGPT 藉助於深度資料整合與分析，能夠直接給用戶明確的答案，或

者説一種明確的解決方案與建議。換言之，ChatGPT 給了電商行業一次重新洗牌的機會，亞馬遜或許會失去其一直以來的「個性化推薦」優勢。畢竟，當前，以 Shein、Shopify、Temu 為代表的新一代獨立電商平台正在逐漸攻破亞馬遜的電商護城河。其中，與亞馬遜商家端的 FBA 服務相較，Shein 的模式讓賣家更省心、更能「躺平」。

2006 年，亞馬遜首次推出了針對協力廠商賣家的一站式履約服務 FBA ，透過建立商品集中倉儲和智慧高效調配系統，賣家支付 FBA 費用，由亞馬遜完成包括儲存、分揀、配送、客服和退換貨等流程，從而降低賣家的時間和營運成本，吸引了大量商家入駐。在亞馬遜模式下，雖然 FBA 實現了一站式倉儲和物流，但賣家除了承擔 FBA 倉運成本，還需要負擔頭程運輸費用、商品傭金、商品推廣的工作和費用。但在 Shein 的模式下，賣家只需要備貨和等待收攬，其他所有物流、銷售推廣、營運管理、退換貨等都由平台承擔。如果 Shein 能夠藉助 ChatGPT 根據使用者需求提供個性化的低門檻推薦方案，以適應使用者業務模式及環境的不斷變化，做到真正的「按需而變」，亞馬遜的電商業務將面臨前所未有的衝擊。

3.7　英偉達：ChatGPT 大贏家？

在科技行業幾乎是萬馬齊喑的當下，ChatGPT 或許是最為耀眼的存在，以至於比爾·蓋茨都認為，這類人工智慧技術出現的重大歷史意義不亞於網際網路和個人電腦的誕生。就在 ChatGPT 狂飆突進，引爆價值千億美元 AIGC 這一賽道的同時，還有一個科技巨頭正在悶聲發財，那就是英偉達。

2023 年 1 月 3 日——美股第一個交易日，英偉達的收盤價為 143 美元，一個月後的 2 月 3 日，英偉達股票的收盤價已經來到 211 美元，一個月漲了 47%。華爾街分析師預計，英偉達在 1 月份的股價表現預計將為其創始人黃仁勳增加 51 億美元的個人資產。根據彭博社的億萬富翁指數顯示，黃仁勳更是成為了今年美國億萬富翁中個人財富增加最多的人。

半導體企業股價的起起伏伏本屬常態，可今時不同往日，半導體市場正在經歷罕見的下行週期。ChatGPT 的火熱之所以會帶動英偉達的股價大幅上漲，是因為 ChatGPT 的成功背後離不開英偉達推出的硬體支援。

3.7.1　AI 晶片第一股

20 世紀 90 年代，3D 遊戲的快速發展和個人電腦的逐步普及，徹底改變了遊戲的操作邏輯和創作方式。1993 年，黃仁勳等三位電氣工程師看到了遊戲市場對於 3D 圖形處理能力的需求，成立了英偉達，面向遊戲市場供應圖形處理器。1999 年，英偉達推出顯卡 GeForce 256，並第一次將圖形處理器定義為「GPU」，自此「GPU」一詞與英偉達賦予它的定義和標準在遊戲界流行起來。

自 1950 年代以來，中央處理器（CPU）就一直是每台電腦或智慧設備的核心，是大多數電腦中唯一的可程式設計元件。並且，CPU 誕生後，工程師也一直沒放棄讓 CPU 以消耗最少的能源實現最快的計算速度的努力。即便如此，人們還是發現 CPU 做圖形計算太慢。在 21 世紀初，CPU 難以繼續維持每年 50% 的性能提升，而內部包含數千個核心

的 GPU 能夠利用內在的並行性繼續提升性能，且 GPU 的眾核結構更加適合高併發的深度學習任務。

相較於 CPU，大多數的 CPU 不僅期望在盡可能短的時間內更快地完成任務以降低系統的延遲，還需要在不同任務之間快速切換保證即時性。正是因為這樣的需求，CPU 往往都會串列地執行任務。而 GPU 的設計則與 CPU 完全不同，它期望提高系統的輸送量，在同一時間竭盡全力處理更多的任務。這一特性也逐漸被深度學習領域的開發者注意。但是，作為一種圖形處理晶片，GPU 難以像 CPU 一樣用 C 語言、Java 等高階程式語言，極大地限制了 GPU 向通用計算領域發展。

英偉達很快注意到了這種需求。為了讓開發者能夠用英偉達 GPU 執行圖形處理以外的計算任務，英偉達在 2006 年推出了 CUDA 平台，支援開發者用熟悉的高階程式語言開發深度學習模型，靈活調用英偉達 GPU 算力，並提供資料庫、排錯程式、API 介面等一系列工具。雖然當時方興未艾的深度學習並沒有給英偉達帶來顯著的收益，但英偉達一直堅持投資 CUDA 產品線，推動 GPU 在 AI 等通用計算領域前行。

6 年後，英偉達終於等到了向 AI 計算證明 GPU 的機會。在 21 世紀 10 年代，由大型視覺資料庫 ImageNet 專案舉辦的「大規模視覺識別挑戰賽」是深度學習的標誌性賽事之一，被譽為電腦視覺領域的「奧賽」。在 2010 和 2011 年，ImageNet 挑戰賽的最低差錯率分別是 29.2% 和 25.2%，有的團隊差錯率高達 99%，2012 年，來自多倫多大學的博士生 Alex Krizhevsky 用 120 萬張圖片訓練神經網路模型，和前人不同的是，他選擇用英偉達 GeForce GPU 為訓練提供算力。在當年的 ImageNet，Krizhevsky 的模型以約 15% 的差錯率奪冠，震驚了神經網路學術圈。

這一標誌性事件，證明了 GPU 對於深度學習的價值，也打破了深度學習的算力枷鎖。自此，GPU 被廣泛應用於 AI 訓練等大規模併發計算場景。

2012 年，英偉達與 Google 人工智慧團隊打造了當時最大的人工神經網路。到 2016 年，Facebook、Google、IBM、微軟的深度學習架構都運行在英偉達的 GPU 平台上。2017 年，英偉達 GPU 被惠普、戴爾等廠商引入伺服器，被亞馬遜、微軟、Google 等廠商用於雲端服務。2018 年，英偉達為 AI 和高性能計算打造的 Tesla GPU 被用於加速美國、歐洲和日本最快的超級電腦。

與英偉達 AI 版圖一起成長的，是股價和市值。2020 年 7 月，英偉達市值首次超越英特爾，成為名副其實的「AI 晶片第一股」。

3.7.2 淘金熱中賣水

進入 2023 年，ChatGPT 持續爆紅，成為 AI 領域的現象級應用，而 ChatGPT 越紅，成本就越高。

究其原因，ChatGPT 雖然能夠透過學習和理解人類的語言來進行對話，能根據上下文進行互動、真正像人類一樣來交流，能寫文章、修 BUG、辯證地分析問題，但這一切靠的都是千億數量級的訓練參數。而這一現狀導致的結果，便是 ChatGPT 每一次對用戶的問題給出回答，都需要從浩瀚如煙海的參數中進行模型推理，而這一過程的代價也遠比大家想像得更貴。畢竟人工智慧產品想要做得更智慧就需要訓練 AI，而算力則是「能量」，是驅動 AI 在不斷學習中慢慢智慧的動力源泉。而英偉

達則正是目前人工智慧算力加速領域的「第一」，其在去年 4 月發佈的 Hopper H100，也是目前最強的人工智慧 GPU。

經過十餘年的技術積累，英偉達為 GPU 的通用計算開發的平行計算平台和程式設計模型打造的 CUDA 生態，已經成為了在大型資料集上進行高效計算的最佳選擇。CUDA 的庫、工具和資源生態系統也使得開發者能夠輕鬆利用 GPU 的平行計算能力，建構更強大和高效的 AI 模型，同時也是實現高性能、高通用性、高易用性，以及針對不同應用場景深度優化的關鍵所在。

在 ChatGPT 的掘金賽道上，英偉達就像是「淘金熱中賣水」的角色，但這依然重要且不可或缺。IDC 亞太區研究總監郭俊麗表示，從算力來看，ChatGPT 至少導入了 1 萬顆英偉達高端 GPU，總算力消耗達到了 3640PF-days，並且，ChatGPT 很可能推動英偉達相關產品在 12 個月內銷售額達到 35 億至 100 億美元。

實際上，在 ChatGPT 之前，AIGC 領域攪動風雲的 AI 繪畫工具 Stable Diffusion，就是在 4000 個 Ampere A100 顯卡組成的集群上，訓練一個月時間誕生的產物。

而無論是 OpenAI、還是微軟雲、Google Cloud，因為 ChatGPT 的成功離不開英偉達提供的底層晶片算力支援。作為一家市值 5000 億美元的科技巨頭，以 Hopper 加速卡為代表資料中心業務堪稱是英偉達的「印鈔機」。據瑞銀分析師蒂莫西·阿庫裡分析，ChatGPT 已導入至少 1 萬顆英偉達高端 GPU 來訓練模型。

儘管英偉達官方對 ChatGPT 沒有任何表態，但花旗分析師表示，ChatGPT 將繼續增長，可能會進一步導致整個 2023 年 NVIDIA GPU（圖形處理器）晶片的銷售額增加，估計在 3 億 -110 億美元之間。美國銀行和富國銀行的其他分析師也表示，英偉達將從圍繞 AI、ChatGPT 業務的流行中獲益。

3.7.3　這波紅利能吃多久？

從晶片層面來看，英偉達壟斷地位是毋庸置疑的：市占率常年穩定在 80% 附近，據 Top500.Org 資料顯示，英偉達 GPU 產品在全球 Top 500 超算中心的滲透率逐年提高。目前人工智慧領域的算力需求約每 3.5 個月翻一倍，導致其晶片常年供不應求，即使最新一代 H100 晶片已經發佈，上一代晶片 A100 市場價較發佈初期依舊有所上漲。

並且，尚未看到針對 ChatGPT 推出的新產品。值得一提的是，ChatGPT 作為明星產品，引發的是全社會對於生成式 AI 和大模型技術的關注，現在，對於晶片用量的更大需求、晶片規格的更高要求，已經成為明朗的趨勢。未來，大模型將成為 AI 技術領域重要的生產工具，需要更強的訓練、推理能力，支撐海量資料模型且高效地完成計算，這些要求也會對晶片的算力、儲存容量、軟體棧、頻寬等技術有更高的要求。

這也對英偉達帶來了挑戰，一方面，當 ChatGPT 發展到成熟期，其算力底座有可能從英偉達獨佔鰲頭的局面逐漸向「百家爭鳴」的割據戰傾斜，從而壓縮英偉達在該領域的盈利空間。尤其是隨著以 ChatGPT 為代表的 AIGC 行業的爆發，GPU 和新 AI 晶片，都獲得了更多可能性和新機會。

從語言類生成模型來看，由於參數量巨大，需要很好的分散式運算支援，因此目前在這類生態上已經有完整佈局的 GPU 廠商更有優勢，這是一個系統工程問題，需要完整的軟體和硬體解決方案，而在這個方面，英偉達已經結合其 GPU 推出了 Triton 解決方案。但從圖像類生成模型來看，這類模型的參數量雖然也很大，但是比語言類生成模型要小一到兩個數量級，此外其計算中還是會大量用到卷積計算，因此在推理應用中，如果能做好優化的話，AI 晶片可能有一定機會。

目前的這一代 AI 晶片在設計的時候主要針對的是更小的模型，而生成模型的需求相對而言還是比原來的設計目標要大不少。GPU 在設計時以效率為代價換取了更高的靈活度，而 AI 晶片設計則是反其道而行之，追求目標應用的效率。因此，未來，隨著生成式模型設計更加穩定，AI 晶片設計有時間能追趕上生成式模型的迭代後，AI 晶片有機會從效率的角度在生成式模型領域超越 GPU。

另一方面，AIGC 行業的爆發對算力提出了越來越高的要求，然而，受到物理制程約束，算力的提升依然是有限的。1965 年，英特爾聯合創始人 Gordon Moore 預測，積體電路上可容納的元器件數量每隔 18 個月至 24 個月會增加一倍。摩爾定律歸納了資訊技術進步的速度，對整個世界意義深遠。但經典電腦在以「矽電晶體」為基本器件結構延續摩爾定律的道路上終將受到物理限制。電腦的發展中電晶體越做越小，中間的阻隔也變得越來越薄。在 3nm 時，只有十幾個原子阻隔。在微觀體系下，電子會發生量子的隧穿效應，不能很精準表示「0」和「1」，這也就是通常說的摩爾定律碰到天花板的原因。

儘管當前研究人員也提出了更換材料以增強電晶體內阻隔的設想，但一個事實是，無論用什麼材料，都無法阻止電子隧穿效應。這一難點問題對於量子來說卻是天然的優勢，畢竟半導體就是量子力學的產物，晶片也是在科學家們認識電子的量子特性後研發而成的。此外，基於量子的疊加特性，量子計算就像是算力領域的「5G」，它帶來「快」的同時帶來的也絕非速度本身的變化。

基於強大的運算能力，量子電腦有能力迅速完成電子電腦無法完成的計算，量子計算在算力上帶來的成長，可能會徹底打破當前 AI 大模型的算力限制，促進 AI 的再一次躍升。

但英偉達在量子計算方面並無優勢，相較而言，Google 早在 2006 年就創立了量子計算專案。2019 年 10 月，Google 公司在《Nature》期刊上宣佈了使用 54 個量子位處理器 Sycamore，實現了量子優越性。除了 Google 外，2015 年，IBM 也在《自然通訊》上發表了使用超導材料製成的量子晶片原型電路。英特爾則一直在研究多種量子位類型，包括超導量子位、矽自旋量子位等。2018 年，英特爾成功設計、製造和交付 49 量子位元的超導量子計算測試晶片 Tangle Lake，算力等於 5000 顆 8 代 i7，並且允許研究人員評估改善誤差修正技術和模擬計算問題。

因此，對於英偉達而言，在面對 ChatGPT 引發的人工智慧革命，以及其所帶來的算力需求的幾何級增長，當前的技術路徑依然難以應對未來的需求。能夠解決這種超級算力需求的技術則在量子計算技術，然而英偉達在量子計算技術方面並沒有優勢，也沒有相關技術的儲備。而 Google、IBM 以及中國的潘建偉教授的團隊卻在量子計算技術方面獲得了一定的優勢，英偉達想要在人工智慧時代繼續保持優勢，必然要在量子計算技術方向上建構新的競爭優勢。

▌3.8 馬斯克：被衝擊的商業版圖

2022 年末，在經歷了幾個月的「口水仗」後，馬斯克終於與推特董事會完成關於推特的收購交易。馬斯克，這位有「矽谷鋼鐵俠」之稱的傳奇人物，以 440 億美元的價格成為這家世界上最知名社交平台之一的老闆。收購推特，也補齊了馬斯克商業版圖中尚缺的一塊重要拼圖 —— 傳媒。從 spaceX 到星鏈，從特斯拉到超級高鐵，從腦機介面到再到虛擬世界的輿論場，都將被馬斯克擭在手中。

馬斯克旗下的這些公司所在的行業都是面向未米的尖端技術領域，而且幾乎都站在了該領域的最前沿，像 spaceX、星鏈以及特斯拉，已經取得了毋庸置疑的商業成功。那麼現在，ChatGPT 在 AI 領域的成功，是否會衝擊馬斯克的商業版圖？又將對馬斯克在不同領域最前沿的佈局產生什麼影響？

3.8.1 為他人做了嫁衣

馬斯克與 ChatGPT 的母公司 OpenAI 的淵源早於七年前就已經產生 —— 馬斯克曾是 OpenAI 的創始人之一。七年前，馬斯克和在一次飯局上和幾名供職於 Google 的 AI 研發人員討論起了他們心中共同存在的擔憂 —— 人工智慧終將會接管世界，但相關技術卻被個別巨頭所掌握。因此，他們謀劃建立一家不以追求利潤為目標的 AI 研究機構，發揮人工智慧的最大潛力，做到全面開源，將人工智慧技術分享給想要使用的每一個人。

基於此，2015 年，OpenAI 在加州三藩市正式創立。然而，後來，特斯拉和 AI 技術的關聯越來越深，馬斯克的主業和 OpenAI 非營利組織

的定位產生了明顯的利益衝突。2017 年，OpenAI 研究員、斯坦福大學博士 Andrej Karpathy 跳槽去特斯拉擔任人工智慧及自動駕駛視覺總監，直接向馬斯克彙報。外界越發擔憂特斯拉將運用 OpenAI 的技術實現系統和產品升級。馬斯克和 OpenAI 必須劃清界限。2018 年，馬斯克離開 OpenAI 的董事會，轉變為贊助者和顧問。

雖然非盈利的願望是美好的，但是 AI 技術研發所需要的資金投入卻是冷冰冰的現實數字。2018 年，公司推出的 GPT-3 語言模型在訓練階段就花費了 1200 萬美元。於是，秉承開源設想的科研人員也不得不在資金支援面前妥協讓步，放棄非營利的設想。2019 年，OpenAI 轉向成為有利潤上限的盈利機構，股東的投資報酬被限制為不超過原始投資金額的 100 倍。

而公司性質剛剛轉換，微軟就宣佈為 OpenAI 注資 10 億美元，並獲得了將 OpenAI 部分 AI 技術商業化，賦能產品的許可。告別馬斯克，攜手微軟，OpenAI 的轉換讓輿論甚至懷疑所謂的利益衝突避嫌更像是在利益分配上沒有達成一致，馬斯克選擇了退出。在網傳的消息中，微軟在注資前並非只要求了 OpenAI 技術的優先使用權，甚至要求加入排他性條款。

2020 年，馬斯克曾表示 OpenAI 應當變得更「開放一些」，支持輿論對 OpenAI 變成 ClosedAI 的批評。馬斯克還稱，自己已經沒有掌控 OpenAI 的權力了，能從公司獲得的消息非常有限，他對公司高管在安全領域的信心並不高。

在微軟成為公司最主要的投資者後，OpenAI 是微軟挑戰 Google 在 AI 領域地位的工具幾乎就是輿論默認的事實。而現在，隨著 ChatGPT

大獲成功，某種程度上，馬斯克所擔憂的 AI 技術會被幾家大公司所掌控終於還是難以避免的發生了。而這個故事中，最讓人感慨的是，離開 OpenAI 董事會讓馬斯克很難從此次估值暴漲中獲得有分量的實際收益，從七年前到現在，馬斯克的這一次創業倒像是「為他人做了嫁衣」。

3.8.2　馬斯克的野心

　　雖然馬斯克離開了 OpenAI，但馬斯克在其他尖端技術領域的野心卻毫不含糊。2022 年，馬斯克收購推特，其實就是馬斯克在建構一個類似於 Apple 的閉環商業生態帝國。值得一提的是，此次收購推特的操作，其實也是馬斯克的「慣用手法」20 年前，馬斯克靠著創立 zip2 和 PayPal 兩家公司，賺得第一桶金。

　　憑藉著這些財富，馬斯克做出了兩件大事。第一件是創立太空公司 SpaceX，實現其星辰大海的目標。另一件就是投資特斯拉。2004 年，馬斯克從出售 PayPal 獲得的 1 億美元中，拿出 650 萬美元投資了特斯拉，而當時特斯拉 A 輪融資額總共才 750 萬美元。馬斯克毫無疑問地成為了特斯拉董事會主席和最大股東。

　　三年後，特斯拉創始人、第一任 CEO 埃伯哈德被馬斯克要求離開公司。如今特斯拉這家公司已經被馬斯克打上深深的個人印記，很少有人能記得特斯拉最初的創始人。從特斯拉開始，馬斯克漸漸展開了個人的商業版圖：2006 年創立太陽能公司 SolarCity，2016 年被特斯拉以 26 億美元的價格收購；2016 年創立腦機介面公司 Neuralink；2016 年創立地下隧道公司 The Boring Company。

可以說，馬斯克的商業帝國野心比 Apple 更大，因為他是從天地一體化的角度去切入的。而在通訊領域，最具有競爭力的通訊技術並不是 5G 或者 6G，而是星鏈技術，它透過衛星就能實現更廣泛的覆蓋，並且能夠建立星際之間的通訊。儘管目前星鏈的各方面優勢都還不明顯，但是隨著性能的不斷優化，以及接收技術的不斷微型化，加上用戶的不斷普及，使用成本的下降，優勢是會越發明顯的。因此，馬斯克收購推特只是他建構商業生態閉環的起步。

並且，目前來看，真正能夠率先實現無人汽車駕駛的會是特斯拉，其中關鍵的原因就是通訊。無人駕駛如果基於現有的通訊技術，不論是 5G 還是 6G，只要是依賴於基站的，在訊號的切換過程中，以及訊號覆蓋均等不一的情況下，都是會造成通訊時差的，這種時差在高速行駛過程中將帶來非常致命的危害。而衛星通訊系統，它就相對比較的均等，上傳與回饋下來的時差不存在切換的問題。那麼馬斯克從通訊環節切入，再來打通硬體與軟體，就能建構出一個強大生態閉環。

不過，汽車也好，手機也好，都還只是馬斯克這個生態帝國中硬體的一部分，當然是最關鍵的部門，至少是目前應用依賴最強的部分，後續馬斯克就會圍繞他的商業帝國的野心來擴展相關的硬體產品。

那麼，有了硬體，就需要有應用。馬斯克收購推特的真正目的根本不在於推特本身，而是在於推特上面的用戶，收購完推特之後，馬斯克一定會基於推特對其進行相應的改造，畢竟推特當前的模式有點老化了。而馬斯克收購推特之後，其實對 facebook 對構成非常大的影響，從社交層面來說，會直接挑戰 Mate 公司。

可以說，收購推特只是馬斯克商業帝國建構的一個開始，未來他很大的概率會透過收購合作，或者自己開發生態系統，並且會配合著馬斯

克的智慧手機，來建構一個類似於 Apple，但比 Apple 更強大的閉環生態系統。

馬斯克的星鏈通訊建構完成，然後將星鏈的通訊接受做成了微型化，直接植入到他的手機和智慧汽車，以及他所有的智慧硬體產品中，這不僅對 Apple 的商業帝國會構成挑戰，對當前的很多企業都會構成很大的挑戰。而我們如果要接入馬斯克的生態閉環，就要先接入獲得他的星鏈技術的授權。

3.8.3 ChatGPT 的攔截

即便是馬斯克在面向未來的諸多尖端技術與商業領域都有佈局，但在 AI 領域，ChatGPT 突然的成功也給馬斯克帶來了相當的挑戰和衝擊。因為馬斯克所佈局的產業，不論是星鏈還是特斯拉，或是腦機介面等專案都離不開人工智慧，以及類人機器人專案，就連最新收購的推特也需要 AI 加持。

ChatGPT 是自然語言處理（NLP）中一項引人矚目的進展，它閱覽了網際網路上幾乎所有資料，並在超級複雜的模型之下進行深度學習。可以說，網際網路的每一個環節，只要涉及文字生成和對話的，都可以被 ChatGPT「洗一遍」。語言是人類智慧、思維方式的核心體現，因此，自然語言處理被稱作「AI 皇冠上的明珠」，而 ChatGPT 的出色表現，可以被認為是邁向通用型 AI 的一種可行路徑 —— 作為一種底層模型，它再次驗證了深度學習中「規模」的意義。正因為 ChatGPT 有更好的語言理解能力，意謂著它可以更像一個通用的任務助理，能夠和不同行業結合，衍生出很多應用的場景，這對馬斯克的推特和特斯拉都是一種挑戰。

以推特為例，本質上，推特就是一個資訊交互與交流的平台，馬斯克對推特的用戶活躍度一直很關注。2022 年 6 月 17 日，馬斯克就在推特全體員工大會上定了一個小目標：推特的日活達到 10 億人。 推特財報顯示，目前公司擁有 2.29 億日活躍用戶。如果要達到馬斯克的小目標，至少要在此基礎上翻三倍。同時，馬斯克本人自然也不會忽視用戶的真實性。早在 2022 年 5 月 13 日，他就以高標準要求推特，如果推特拿不出證據證明虛假帳戶比重在 5% 以下，收購將暫停交易。 同樣的數位大挑戰，也包括了推特的訂閱服務。馬斯克立志將訂閱服務變為強勁的收入來源，實現從 0 到 10,000,000,000 美元的突破。要知道，目前 Disney+ 的訂閱收入也才僅僅 60 億美元左右。而 ChatGPT 本身其實也是一種智慧資訊交互與交流的 AI 技術，如果微軟或者任何一家企業基於 ChatGPT 而進行社交平台的重構，推特或許就將失去其當前的優勢。

再來看自動駕駛，不論是從技術的研發、代駛還是主動駕駛的大數據層面，以及實際應用資料層面來説，特斯拉都是自動駕駛王者。但目前的自動駕駛依然難以實現完全的自動駕駛，其中的關鍵就是汽車的智慧系統與人的互動當前還是比較機械的，比如説，前面有一輛車，按照規則，它有可能會無法正確判斷什麼時候該繞行。這也是為什麼會有自動駕駛汽車頻發出事故的原因。

ChatGPT 的出現，則展示了一種訓練機器擁有人類思維模式的可能，這樣機器就能夠學習人的駕駛行為，帶領自動駕駛進入「2.0 時代」。但如何充分藉助於 ChatGPT 的技術來為推特、特斯拉自動駕駛，以及類人機器人專案進行更為有效的訓練，以達到商業化的應用，也成為當前擺在馬斯克面前的一個現實難題。

Chapter **4**

尋找中國的 ChatGPT

4.1　ChatGPT 的商業化狂想

ChatGPT 的經歷，用「一夜躥紅」來形容都不為過。

據 SimilarWeb 資料顯示，自 ChatGPT 誕生以來，ChatGPT 母公司 OpenAI 網站訪問量就快速攀升，目前已躋身全球 TOP50 網站。2023 年 1 月，OpenAI 網站訪問量突破 6.72 億，較 2022 年 11 月增長 3572%。

隨著 ChatGPT 從聊天工具逐漸向著效率工具邁進，ChatGPT 也點燃了資本市場的熱情。紅杉資本給出大膽預測，ChatGPT 這類生成式 AI 工具，讓機器開始大規模涉足知識類和創造性工作，這涉及數十億人的工作，未來預計能夠產生數兆美元的經濟價值。ChatGPT 強大的泛化能力，正帶給人們無限的商業化狂想。

4.1.1　一場新技術革命

當前，幾乎可以確定的是，ChatGPT 將帶來一場新技術革命。作為一種大型預訓練語言模型，ChatGPT 的出現標誌著自然語言理解技術邁上了新台階，理解能力、語言組織能力、持續學習能力更強，也標誌著 AIGC（人工智慧生成內容）在語言領域取得了新進展，生成內容的範圍、有效性、準確度大幅提升。

ChatGPT 嵌入了人類回饋強化學習以及人工監督微調，因此具備了理解上下文、連貫性等諸多先進特徵，解鎖了海量應用場景。雖然當前 ChatGPT 所利用的資料集只截止到 2021 年。但在對話中，ChatGPT 已經會主動記憶先前的對話內容資訊——即上下文理解，用來輔助假設性

的問題的回覆，因此 ChatGPT 也可實現連續對話，提升了互動模式下的使用者體驗。同時，ChatGPT 也會遮罩敏感資訊，對於不能回答的內容也能給予相關建議。

此外，鑒於傳統 NLP 技術的侷限問題，基於大語言模型（LLM）有助於充分利用海量無標註文字預訓練，從而文字大模型在較小的資料集和零資料集場景下可以有較好的理解和生成能力。基於大模型的無標準文字書收集，ChatGPT 得以在情感分析、資訊鑽取、理解閱讀等文字場景中優勢突出。訓練模型資料量的增加，資料種類逐步豐富，模型規模以及參數量的增加，還會進一步促進模型語義理解能力以及抽象學習能力的極大提升，實現 ChatGPT 的資料飛輪效應——用更多資料可以訓練出更好的模型，吸引更多使用者，從而產生更多使用者資料用於訓練，形成良性迴圈。

實際上，ChatGPT 最強大的功能就是基於深度學習後的「知識再造」。ChatGPT 可以幫助用戶寫文章，因此，ChatGPT 最簡單的應用就是與搜尋引擎配合，配合的最簡單方式，用 ChatGPT 幫忙起草文章、用搜尋引擎檢索資料。比如，記者可以先把想寫的新聞選題和要點給 ChatGPT，獲得格式與邏輯都比較規範的內容框架，然後利用搜尋引擎檢索涉及概念或知識點的資料來源，在此基礎上修改觀點、完善內容、糾正不合理、不精確的表達。

「知識再造」式的問答結果，也形成了 ChatGPT 在人機互動方面的突破，與現有搜尋引擎所提供的關聯資料出處相比，ChatGPT 在用戶體驗的人性化和便利性方面有根本提升，工作效率提升方面有極大潛力，因此不僅是簡單配合，更有可能引發搜尋引擎的模式演變和進化。與此

同時，面向通用智慧的 ChatGPT 大型語言模型，在機器程式設計、多語言翻譯領域的表現同樣突出，從某種程度而言，ChatGPT 也標誌著 AI 技術應用即將迎來大規模普及。

4.1.2 被點燃的 AI 市場

ChatGPT 的爆紅也點燃了中國、美國人工智慧產業，AI 公司全面入局，並引發資本市場震盪。

如今，ChatGPT 相關概念公司眾多。據 CB Insights 統計，ChatGPT 概念領域目前約有 250 家初創公司，其中 51％融資進度在 A 輪或天使輪。

2022 年，ChatGPT 和生成式 AI（AIGC）領域吸金超過 26 億美元，共誕生出 6 家獨角獸，估值最高的就是 290 億美元的 OpenAI。當前，OpenAI 已經宣佈試點 ChatGPT 付費版本，每月收費 20 美元。如果收費模式獲得成功，對於投資者而言，ChatGPT 將是巨大的利潤前景。

2023 年 2 月 8 日凌晨，在 Google 宣佈實驗性 AI 服務 Bard 之後僅 24 小時，微軟正式推出由 ChatGPT 支援的最新版本 Bing 搜尋引擎和 Edge 瀏覽器。不過，由於外界備受期待的聊天機器人 Bard 宣傳內容中出現錯誤，2 月 6 日，Google 大跌 7.68%，市值一夜蒸發約 1056 億美元（約 7172.78 億元人民幣）。

中國方面，從資本市場來看，ChatGPT 推動了中國 AI 相關公司股票增長。2 月 3 日開盤，福石控股、雲從科技、神思電子漲超 10%，漢

王科技 5 連板，海天瑞聲、拓爾思、天源迪科等漲超 5%，商湯 -W 大漲 3%，中文線上、昆侖萬維也有不同程度的漲幅。

隨著熱度不斷走高、資本蜂擁而至，包括阿里、百度、京東、騰訊等中國的網際網路科技巨頭都紛紛佈局，加入到這場全球 ChatGPT 的熱潮中。

2 月 7 日，百度官宣推出類 ChatGPT 應用、自然語言處理大模型新專案「文心一言」（ERNIE Bot），將於三月份完成內測，面向公眾開放。次日，1.89 兆市值的網際網路巨頭阿里巴巴也確認，正在研發阿里版聊天機器人 ChatGPT，目前處於內測階段。此外，騰訊、華為、京東等網際網路科技大廠也多有行動。騰訊、華為都在近期公佈了人機對話方面的相關專利。其中，騰訊科技（深圳）有限公司申請的「人機對話方法、裝置、設備及電腦可讀儲存介質」，專利可實現人機順暢溝通；華為技術有限公司申請的「人機對話方法以及對話系統」，專利可識別使用者異常行為進行回覆。京東擬將類 ChatGPT 方法和技術點融入產品服務中。網易有道、字節跳動亦被曝已投入 ChatGPT 或生成式 AI 相關研發，前者聚焦教育場景，後者可能會為位元組的 PICO VR 內容生成提供技術支援。

值得一提的是，由於目前全球還沒有能有與 ChatGPT 抗衡的大模型產品，而且中國、美國在 AI 大數據、演算法、大模型發展路徑不同。因此，除了微軟、Google 公佈了類似產品，或與 OpenAI 合作之外，中國暫時沒有「中國版 ChatGPT」，而中國的網際網路科技巨頭們，也都紛紛踏上了尋找「中國版 ChatGPT」之路。

4.2 百度：衝刺首發中國版 ChatGPT

作為中國領先 AI 技術公司，同時也是最大的中文搜尋引擎，百度已經開始積極佈局了 AIGC、ChatGPT 這類技術。

4.2.1 即將面世的「文言一心」

在中國眾多科技大廠中，百度是最早針對 ChatGPT 做出明確表態的公司之一，也是中國最早佈局人工智慧的公司之一。2022 年 9 月的世界人工智慧大會，百度創始人、董事長兼首席執行官李彥巨集在開幕式上發表影片演講，李彥巨集表示百度已在人工智慧領域摸爬滾打 10 年，10 年累計研發投入超 1000 億元，2021 年核心研發占比 23%。2022 年底，百度 CEO 李彥宏就在一次內部講話中表示，AIGC 和 ChatGPT 這些新的技術進展會變成什麼樣的 AI 產品，仍然有很多不確定性，但這件事「百度必須做」。此前，百度已經全面佈局 AIGC 相關產品鏈。

2023 年 2 月 7 日，百度公佈其類 ChatGPT 專案名為「文心一言」，英文名 ERNIE Bot，預計將於 3 月完成內測並向公眾開放。目前該產品在做上線前的衝刺準備工作。百度方面表示，ChatGPT 相關技術百度都有。百度在 AI 四層架構中有全線佈局，包括底層的晶片、深度學習框架、大模型以及最上層的搜尋等應用，「文心一言」則位於模型層。

隨著微軟 Google 推出類 ChatGPT 服務的節奏加快，百度「文心一言」的進展正受到密切關注。對於這個即將在下個月面世的專案，李彥宏給出的定位是「引領搜尋體驗的代際變革」。具體來說，百度這款

類似 ChatGPT 的 AI 對話程式，是一種可擴展的「生成式搜尋」功能產品。百度稱，文心一言將會更瞭解中文語義，並將率先嵌入百度搜尋服務中，普通使用者屆時註冊帳號即可享受到 AI 體驗。

而相對於 ChatGPT，或是 Google 而言，百度確實在中文網際網路領域有獨特的優勢。一方面是其擁有中文世界最龐大的資料庫，另外一方面是其研發團隊更瞭解中文。單一的從語言層面來看，英文的語法與語言結構更加精準、規律、嚴謹，而中文則常常會出現一詞多意，一詞多音的問題，訓練起來更加複雜。比如在中文中的「嗯」，四個不同的聲調代表著不同的意思。再比如，下雨天，我騎自行車摔倒了，幸好我一把把把把住了，這句話中連續出現四個「把」字，但是這四個連續的「把」字代表著完全不同的涵義。

也正是由於中文一詞多意，一詞多音的複雜語意，就導致基於人工智慧的模型與訓練都更加複雜與困難。而這也同樣為人工智慧時代的中國網際網路建構了獨特的優勢。當然，這也為中國的人工智慧企業在開發與訓練人工智慧方面增加了更大的難度，並且很難獲得國際上的現成技術進行使用。

百度搜尋架構師辜斯繆表示，基於核心的搜尋跨模態大模型以及生成式 AI 技術發展，百度認為搜尋有三個趨勢：整個搜尋會從資訊檢索，到檢索＋生成的一種混合系統；實現整個跨模態的理解和交互；在知識的理解和組織上搜尋會往更深層次方面演進。舉個例子，如果你搜尋一張圖片，百度「生成式搜尋」會用語言告訴你怎麼修改這張圖片，然後進一步讓搜尋引擎幫你改完再回饋給你。

辜斯繆表示：「搜尋原來都是單元對話式的模式，就是給搜尋一個問題然後百度會返回一個結果給你。但未來，這個模式會有一個比較大的變化，即你可以更高效率地跟搜尋引擎提出需求，它滿足你的需求同時可以迭代和調整需求，最後產生一個真正定制化、滿足使用者需求的資訊。」

百度宣佈這個消息後，百度港股 2023 年 2 月 7 日（09888.HK）股價也出現跳漲 15% 以上。2023 年以來，百度港股股價大漲超 32%。

4.2.2　十年磨一劍的全棧公司

如果說 AI 技術革新是未來幾十年內最大的風口，那麼，百度無疑是站在風口上的先行者。以 2013 年建立美國研究院為起點，百度在 AI 領域已深耕十年，並且仍在持續增加研發投入。

財報顯示，2020 年，百度在人工智慧領域的核心研發費用占收入比例達 21.4%，2021 年，百度核心研發費用 221 億元，占百度核心收入比例達 23%，研發投入強度持續位於全球大型科技公司前列。相較而言，去年前三季度，阿里、騰訊、美團的研發投入占比分別約為 15%、10% 和 8%。作為一家技術公司，百度過去十年累計研發投入超過 1000 億元。

百度對 AI 的投入大體可分為兩個階段。2013 年 -2015 年，是百度的招兵買馬和確定技術方向階段。2013 年，百度在矽谷成立百度美國研究院，它的前身則是 2011 年開設的百度矽谷辦公室；同年，百度在中國建立深度學習研究院，李彥宏親自任院長。中美兩個研究院吸引了

斯坦福大學電腦科學系教授吳恩達，慕尼克大學博士、NEC 美國研究院前媒體研究室主任余凱等人。

2015 年 -2016 年之後，百度進入一個探索 AI 技術產品化和商業化的階段，AI 團隊陸續拿出兩大成果：2015 年 9 月，百度推出人工智慧語音助手度秘（DuerOS），使用者可以和度秘對話、聊天，當時機器的聊天還不像現在這麼順暢、自如；年底，百度成立自動駕駛事業部，時任百度高級副總裁的王勁任總經理，次年 4 月，Apollo 計畫發佈，瞄準全無人駕駛。

2017 年初，在李彥宏力邀之下，微軟前全球執行副總裁陸奇加入百度。同年，百度把 AI 提升為公司戰略，提出 All in AI，百度深度學習研究院、自然語言處理、知識圖譜、語音辨識、大數據部門等核心技術部門被整合成了 AI 技術平台體系（AIG），由時任百度副總裁王海峰負責；自動駕駛事業部被升級為智慧駕駛事業群（IDG）。

在 2023 年百度 Create 大會暨百度 AI 開發者大會上，李彥宏提到，百度是如今少有的同時具備人工智慧四層能力的公司，這包括晶片層的昆侖 AI 晶片、框架層的飛槳深度學習框架、模型層的文心大模型和應用層的搜尋、自動駕駛、智慧家居等產品。

晶片層方面，百度是中國第一批自研 AI 晶片的網際網路公司。百度的昆侖 AI 晶片研發始於 2011 年，正式發佈於 2018 年。對外發佈時，昆侖已支援百度業務多年。到 2020 年秋天之前，已有超 2 萬片昆侖晶片每天為百度搜尋引擎、廣告推薦和智慧語音助手小度提供 AI 計算能力。

　　框架層方面，百度飛槳是中國最早啟動研發的自研深度學習框架。2016 年百度推出的飛槳在 2021 年成為中國開發者使用最多的深度學習框架，在全球排名第三，開源至今，飛槳已凝聚 406 萬開發者，服務過 15.7 萬企事業單位，開發模型達 47.6 萬個。飛槳能幫開發者快速創建、部署模型，它現在已擁有 535 萬開發者，服務了 20 萬家企事業單位，建立了 67 萬個模型。

　　基於晶片層和框架層的扎實的技術基礎設施，模型層方面，百度在 2019 年發佈文心大模型，它可以根據使用者的描述生成文章、畫作、影片等多種內容，這即是去年至今大熱的「生成式 AI」。從 2019 年文心 ERNIE 1.0 發佈算起，文心大模型在公開權威語義評測中已斬獲十餘項世界冠軍。該模型已更新迭代至文心 ERNIE 3.0，參數規模高達 2600 億，幾乎比 Google 的 LaMDA（1350 萬）高了一倍，也高於 ChatGPT（1750 萬），是全球最大的中文單體模型。與此同時，文心 ERNIE 3.0 還支援生成式 AI，具備強大的跨模態、跨語言的深度語義理解與生成能力。

　　基於文心大模型，百度目前已發佈 11 個行業大模型，大模型總量達 36 個，已構成業界規模最大的產業大模型體系。目前已大規模應用於搜尋、資訊流等網際網路產品，並在工業、能源、金融、汽車、通訊、媒體、教育等各行業落地應用。

　　在文心的支撐下，百度搜尋引擎可以用更聰明的方式呈現搜尋結果，比如在百度手機 App 上搜尋「北京和上海的 GDP 誰高」，百度搜尋引擎不會只返回誰高誰低的結果，而是生成兩座城市歷年 GDP 走勢折線圖，當用戶手指沿時間軸滑動時，能顯示不同年份的 GDP 差值。

2022 年，百度又發佈了「知一跨模態大模型」。跨模態指它可以理解文字、圖片、影片等形態各異的資料。有了知一後，當用戶提問「窗框縫隙漏水怎麼辦」，百度搜尋引擎會提供一段優質影片回答提問，該影片還能自動定位到處理步驟的部分，方便快速查看。

在語言大模型中，百度甚至要做得比全球巨頭更多，因為中文更難被 AI 處理。百度搜尋產品總監張燕薊在 2023 年的 Create 大會前的溝通會中稱，中文語義的理解難度遠大於非中文，因此百度必須研發一個更難、更複雜的大模型。

這些技術佈局，往往始於技術微末之時，甚至被冠以「燒錢」的字眼。但也正是十年飲冰的堅持投入，使得百度 AI 大底座成為了行業內首個全棧自研的智算基礎設施。又正是長期技術積累帶來的全棧自研能力，給行業和百度本身，都帶來了更深遠的影響。

4.2.3 還有很長的路要走

除了深厚的技術積澱，百度想要衝刺首發中國版 ChatGPT 還需要面臨的是高昂的成本。

參數量 1750 億，預訓練資料量 45TB，據 Semianalysis 估算，ChatGPT 一次性訓練用就達 8.4 億美元，生成一條資訊的成本在 1.3 美分左右，是目前傳統搜尋引擎的 3 到 4 倍，這是 OpenAI 培育 ChatGPT 的成本。OpenAI 就因為錢不夠燒，而差點倒閉。ChatGPT 的成功也規定了入局的門檻，後來者必須同時擁有堅實的 AI 底座和充裕的資金。

　　而百度之所以依舊能押注 ChatGPT，就要歸功於穩固的基礎業務和健康的現金流。2022 第三季度財報資料顯示，報告期內，百度實現營收 325.4 億元，保持穩健增長態勢。其中，核心收入為 252 億元，同比增長 2%。2022 年前 3 季度，百度的營收則超 900 億元，淨利 133.9 億元，同比增長 6.6%。同期阿里、騰訊的淨利分別下滑 19% 和 12%。截至三季度末，百度帳上的現金及現金等價物 551.64 億元，現金流充裕。縱觀全域，百度線上行銷業務的營收下降，取而代之的是雲端服務業務和其他創業業務的崛起。

　　過去三年，百度線上行銷業務的營收呈下降趨勢。2020 年百度線上行銷收入為 662.83 億元，較 2019 年同比較少 5%，主要受疫情影響，招商加盟、旅遊、金融服務等行業客戶投放意願下降，導致業績滑坡。具體而言，百度活躍行銷客戶由 2019 年的 52.8 萬降至 50.5 萬，平均每名客戶的收入由 13.27 萬元下降至 13.13 萬元。如果放在過去，核心線上行銷業務的滑坡必將對百度的業績造成極大影響，但在 2020 年中，百度的營運利潤不降反升，由 63.07 億元增長至 143.4 億元，同比增長 127.4%。可以看到，AI 生態的完善讓百度核心價值大幅提升，廣告業務不再是百度的唯一主線。

　　但百度並不能鬆一口氣。雖然百度已經在 AI 的各個層面都有較為全面的佈局，並且具有中文世界裡最大的資料庫，但百度同時面臨的一個更大的困境，就是資料的品質問題，因為沒有高品質的資料就難以訓練出高品質的類 ChatGPT 產品。如果百度訓練 ChatGPT 的資料優質，那麼輸出的結果也相對客觀。如果訓練的資料都是百度中文世界的網路資訊，那麼可能就要慎重，以免曾經的魏則西事件重演。因為，如果訓練的資料品質，以及產品背後的規則不夠清晰，結果可能就不會有那麼理性。

此外，ChatGPT 目前仍未找到明確的盈利商業模式，其成本依然高企。此外，在落地場景方面，ChatGPT 能否適應中國各行各業的碎片化轉型需求，尚有待驗證。李彥宏也坦言，「ChatGPT 是 AI 技術發展到一定地步後產生的新機會。但怎麼把這麼酷的技術，變成人人都需要的好產品，這一步其實才是最難的，最偉大的，也是最能產生影響力的。」

百度和文心一言才剛剛出發，未來還有很長的路要走。對於人工智慧而言，比拼的不單單是人工智慧領域的技術研發，而是集人工智慧研發、算力、晶片、資料等多方面的整合綜合實力。

當然，百度在人工智慧領域還面臨著另外一個重要並現實的挑戰，那就是推行類 ChatGPT 的業務可能會對其傳統的搜尋業務帶來影響。而傳統的搜尋業務中，廣告收入是百度當前最主要，也是大部分的利潤來源。如果百度的傳統搜尋業務中的廣告業務受到了類 ChatGPT 技術的影響，必然會影響到百度的研發投入。

4.3　阿里巴巴：加速佈局，展開防禦

在微軟擁抱 ChatGPT 之後，阿里巴巴也展開了防禦動作。

4.3.1　通義大模型

關於阿里巴巴入局 ChatGPT 的傳聞始於一張截圖。該圖顯示，阿里巴巴可能將 AI 大模型技術與釘釘生產力工具深度結合。2023 年 2 月 7 日，釘釘公眾號也稱，其 App 可以在釘釘機器人裡接入類似 ChatGPT 的功能，實現機器人對話相關操作。對此，阿里巴巴回應，「確實在研

發中，目前處於內測階段，後續如有更多資訊，會第一時間和大眾同步」。這一展示是阿里巴巴過去幾年在大模型領域持續佈局的成果。

實際上，阿里巴巴集團旗下雲端運算部門「阿里雲」、阿里達摩院等多個業務部分都在 AI 相關技術、產業鏈方面進行佈局。除了提供底層伺服器和雲端運算功能之外，同時還不斷加強機器視覺和語音互動相關產品，擁有中國領先的 AI 技術能力。阿里在大模型等 AI 技術領域也擁有相關技術儲備。

阿里研究院公佈的資訊顯示，阿里巴巴達摩院在 2020 年初啟動中文多模態預訓練模型 M6 專案，並持續推出多個版本，參數逐步從百億規模擴展到十兆規模，在大模型、低碳 AI、AI 商業化、服務化等諸多方面取得突破性進展；2021 年 1 月模型參數規模到達百億，成為世界上最大的中文多模態模型；2021 年 5 月，具有兆規模的參數模型正式投入使用，追上了 Google 的發展腳步；2020 年 10 月，M6 的參數規模擴展到 10 兆，成為當時全球最大的 AI 預訓練模型。

阿里雲曾表示，作為中國首個商業化落地的多模態大模型，M6 已在超 40 個場景中應用，日調用量上億。在阿里雲內部，M6 大模型的應用包括但不限於在犀牛智造為品牌設計的服飾已在淘寶上線，為天貓虛擬主播創作劇本，以及增進淘寶、支付寶等平台的搜尋及內容認知精度等。尤其擅長設計、寫作、問答，在電商、製造業、文學藝術、科學研究等前景中落地。當然這些應用跟阿里電商本身的業務有直接的關係，也是本身利用 AI 賦能電商的戰略進行探索。

2022 年，在探索算力極限的同時，阿里也積極展開了針對通用模型的探索。9 月 2 日，在阿里達摩院主辦的世界人工智慧大會「大規模

預訓練模型」主題論壇上，阿里巴巴資深副總裁、達摩院副院長周靖人發佈阿里巴巴最新「通義」大模型系列，其打造了中國首個 AI 統一底座，並建構了通用與專業模型協同的層次化人工智慧體系，將為 AI 從感知智慧邁向知識驅動的認知智慧提供先進基礎設施。

為了實現大模型的融會貫通，阿里達摩院在中國率先建構 AI 統一底座，在業界首次實現模態表示、任務表示、模型結構的統一。透過這種統一學習方式，通義的 AI 統一底座中的單一 M6-OFA 模型，在不引入任何新增結構的情況下，可同時處理圖像描述、視覺定位、文生圖、視覺蘊含、文件摘要等 10 餘項單模態和跨模態任務，並達到國際領先水準。這一突破最大程度打通了 AI 的感官，受到學界和工業界廣泛關注。近期 M6-OFA 完成升級後可處理超過 30 種跨模態任務。通義的 AI 統一底座中的另一組成部分是模組化設計，它借鑒了人腦模組化設計，以場景為導向靈活拆拔功能模組，實現高效率和高性能。

周靖人表示：「大模型模仿了人類建構認知的過程，透過融合 AI 在語言、語音、視覺等不同模態和領域的知識體系，我們期望多模態大模型能成為下一代人工智慧演算法的基石，讓 AI 從只能使用「單一感官」到「五官全開」，且能調用儲備豐富知識的大腦來理解世界和思考，最終實現接近人類水準的認知智慧。」

4.3.2　阿里電商會失火嗎？

ChatGPT 的出現，除了讓阿里巴巴加速佈局 AI 領域外，同時也衝擊了阿里龐大的商業版圖。

從阿里巴巴龐大商業「帝國」的構成來看，阿里的業務大概可以分為核心商務、雲端運算以及占比有限的數位媒體及娛樂，創新業務及其他等四部分業務。其中，以電商為主的商務，顯然就是阿里的基本盤。2021 年以前，阿里巴巴在電商行業的賺錢能力毋庸置疑，以 2018 年 3 季度為例，阿里巴巴光是電商業務一天的利潤就高達 3.3 億元，賺錢能力比肩中國移動。2014 年，阿里赴美上市時，不僅將馬雲抬上了中國首富的寶座，還誕生了上千位千萬富翁，阿里甚至憑藉一己之力帶動了杭州房價的瘋漲。

實際上，阿里巴巴最大的優勢就在於擁有的海量資料過去十年，阿里巴巴在電商業務蒸蒸日上，使用者數、交易量和峰值交易都達到了驚人的程度。阿里巴巴的核心電商業務為阿里 AI 累積了豐厚的 C 端資料資產，包括銷售對話的資料與相關售後的問題這些資料，使得阿里在產業競爭中擁有無可比擬的優勢。

理論上，阿里巴巴是能夠建立起類似於 ChatGPT 這樣的 AI 大模型的，但這也意謂著，如果按照 ChatGPT 這樣的技術方式變革，那麼阿里巴巴就要革命掉廣告收入，因為 ChatGPT 的技術會根據使用者的需求，直接給出最符合用戶需求的建議結果。一直以來，中國電商部分都是阿里最核心的業績支柱，根據阿里巴巴 2022 財年第四財季及全年財報，中國電商營收占比為 69%；國際電商占比 7%。其中，包含廣告及傭金收入的客戶管理收入又是阿里電商收入的重要來源。

如果阿里巴巴要繼續保留廣告收入，那麼在 ChatGPT 中就要直接加入說明，讓 ChatGPT 告訴消費者這個優先推薦是基於廣告投放。如果阿里巴巴這樣做了之後，對於商家來說，投放廣告就失去了意義。如果

阿里巴巴在技術上不告訴客戶 ChatGPT 的推薦結果是受到了廣告的干預，那麼這就存在著商業道德的欺騙問題，一旦被消費者發現，對阿里巴巴的企業信用將會是災難性的打擊。

不僅如此，阿里電商還面臨一個現實的困境，就是電商流量紅利的觸頂。不可否認，阿里憑藉電商才得以發家，很長一段時間，在電商行業，阿里也是穩坐龍頭，一家獨大。但正所謂「物極必反」，這在商業上也是一個道理。當任何事情做到第一的時候，此時維持第一就是一件非常困難的事情。在阿里巴巴的身後跟隨著京東、拼多多、抖音、快速之類的潛在競爭對手，隨時想瓦解阿里的電商帝國。

當前，電商行業的競爭已經進入存量階段，市場也已經不再是當年的市場。也就是說，未來電商平台的增長已經不能再走拉新人的老路，怎麼吸引並留住老用戶是電商平台當下必須思考的問題。在這樣的情況下，仍有越來越多的對手試圖搶食電商這塊蛋糕，這無疑對阿里巴巴造成了巨大的衝擊。新零售方面有京東的擠壓，下沉市場又有拼多多的強勢崛起，直播電商有抖音的後來者居上，新業務方面還有美團等新巨頭的壯大。而 ChatGPT 更是加劇了對阿里電商的衝擊，這意謂著，在電商行業，任何一個後起之秀都可以基於 ChatGPT 建構精準的個性化推薦，形成強大的競爭力，來衝擊阿里的電商業務。

相較於阿里的龐大，拼多多以及更小的垂直類的電商平台反而會更有優勢，因為他們只要藉助於 ChatGPT 建構更加客觀的推薦結果，反而可能更容易勝出。這些小的平台，本身也沒有太多的歷史包袱，本身平台的規模小，廣告這些業務的收入也小，應用 ChatGPT 技術對他們過往的業績與收入影響相對有限。不過，這些中小微企業的弊端就是難以開

發出 ChatGPT 同樣性能的產品，也不具阿里巴巴在人工智慧領域的實力。一方面是研發資金有限，開發這類產品需要大量的人才與硬體算力的投入；另外一方面是他們的資料有限，沒有足夠的資料就無法訓練出足夠智慧的類 ChatGPT。

與阿里擁有相同危機的，其實還有一家網際網路巨頭，就是美團點評，理論上來看，結合 ChatGPT 的技術，外賣平台就能直接根據使用者的問題與需求情況給出最佳選擇，這也會使得美團的優先推薦的廣告模式面臨巨大的挑戰。對於美團來說，更糟糕的是，人工智慧的研發層面優勢不明顯，而人工智慧領域的研發是一件極具燒錢的事情。繼續燒錢跟隨 ChatGPT 這個方向，必然會給美團的盈利帶來極大的壓力，可能會導致資本市場的投資者用腳投票。但是如果不跟隨，並加大在人工智慧領域的研發投入，就很快會被淘汰。

但整體來說，在 ChatGPT 這種劃時代革命性的人工智慧技術影響下，以及傳統電商增速下行的趨勢下，阿里巴巴也好，美團也罷，都正面臨著巨大的危機與挑戰，如何應戰，幾乎成了每一個電商平台面前的現實問題。

4.4　騰訊：看好 AIGC，發力 AIGC

ChatGPT 在全球網際網路的熱度已經超越當年的 AlphaGo，作為中國網際網路科技巨頭之一，壓力也來到了騰訊這邊。

4.4.1 混元大模型

騰訊對 ChatGPT 的回應發佈於 2023 年 2 月 9 日。騰訊表示：「目前，騰訊在相關方向上已有佈局，專項研究也在有序推進。騰訊持續投入 AI 等前沿技術的研發，基於此前在 AI 大模型、機器學習演算法以及 NLP 等領域的技術儲備，將進一步展開前沿研究及應用探索。」相關技術儲備包括「混元」系列 AI 大模型、智慧創作助手文湧（Effidit）等。

其中，騰訊的混元大模型集 CV（電腦視覺）、NLP（自然語言理解）、多模態理解能力於一體，先後在 MSR-VTT，MSVD 等五大權威資料集榜單中登頂。

2022 年 5 月，騰訊「混元」AI 大模型在 CLUE（中文語言理解評測集合）總排行榜、閱讀理解、大規模知識圖譜三個榜單同時登頂。12月，混元推出中國首個低成本、可落地的 NLP 兆級模型，並再次登頂自然語言理解任務榜單 CLUE。混元用千億模型暖開機，最快僅用 256 卡在一天內即可完成兆級參數大模型 HunYuan-NLP 1T 的訓練，整體訓練成本為直接冷開機訓練兆級模型的 1/8。

特別值得一提的是，混元 AI 大模型在廣告方面的應用。當前，隨著企業產品的推廣競爭越來越激烈，內容行銷早已經不止於簡單的性能介紹，而需要從人群、地域、話題、商品特性等等層面找到相互融合之處，才能有效吸引消費者的關注及達成轉化，從而真正幫助廣告主實現生意增長。然而，當下網際網路廣告場景的參數體量已經非常大，廣告業務也正在往短平快、多觸點、全域連結的方向迅速發展，這都對廣告系統的快速挖掘、靈活匹配提出了更高的要求。此時，廣告系統的運算

能力就發揮不可或缺的作用，而大規模預訓練模型，或者說大模型，正是廣告系統的靈魂。

針對這些業務痛點，作為在中文語言理解測評基準 CLUE、多模態理解領域國際權威榜單 VCR 以及 5 大國際跨模態檢索資料集榜單（如 MSR-VTT 等）上登頂的業界領先大模型，混元 AI 大模型具備強大的多模態理解能力，可將文字、圖像和影片作為一個整體來理解，將廣告更精準地推薦給合適的人群，在廣告投放過程中實現更快速的起量。此外，騰訊廣告還透過與廣告主合作引入行業專業知識，進一步細化商品特徵，收集並綁定相同產品的不同素材進行投放。

透過混元 AI 大模型獲得了更豐富的特徵以後，就可以聯動騰訊廣告大模型進行更準確、更高效的建模了。不僅如此，廣告大模型本身也可作為一個通用底座，建構更多靈活的定制模型，適配各種應用場景。這就為滿足不同廣告主的差異化、精細化需求打下了基礎。

從更好地理解商品開始，幫商品更快地匹配到對應的消費者，廣告大模型強大的運算能力就是提升推薦效率的關鍵。在廣告大模型運算能力的支援下，騰訊廣告實現了以系統為主導的全域搜尋，能夠更快地搜尋並挖掘用戶與商品的潛在關係，大幅提升人貨匹配效率，找到更多高成交人群。

億級使用者、海量廣告內容對廣告平台的承載和計算能力提出了更高要求，騰訊自研的太極機器學習平台支援 10TB 級模型訓練、TB 級模型推理和分鐘級模型發佈上線，為兩大模型在業務場景實現 7×24 小時順利運行提供了強大基建，保障了混元 AI 大模型、廣告大模型的快速、穩定運行。

可以說，利用混元 AI 大模型強化理解能力，以及透過廣告大模型提升運算能力，再加上太極機器學習平台的支援，騰訊廣告讀懂了如何將大模型落地到業務場景的關鍵，並摸索出了一套獨特的打法。

ChatGPT 的爆發也加速了 AIGC 興起，2 月初，騰訊旗下的騰訊研究院發佈《AIGC 發展趨勢報告 2023》。報告中指出，AIGC 的商業化應用將快速成熟，市場規模會迅速壯大。當前 AIGC 已經率先在傳媒、電商、影視、娛樂等數位化程度高、內容需求豐富的行業取得重大發展，市場潛力逐漸顯現。

報告中指出，在廣告領域，騰訊混元 AI 大模型能夠支援廣告智慧製作，即利用 AIGC 將廣告文案自動生成為廣告影片，大幅降低了廣告影片製作成本。巨大的應用前景將帶來市場規模的快速增長。

報告還引用一份預測稱，未來五年，10% 至 30% 的圖片內容由 AI 參與生成，有望創造超過 600 億元人民幣以上市場規模。國外商業諮詢機構則預測，預計到 2030 年，AIGC 市場規模將達到 1100 億美元。未來，混元 AI 大模型或將會不斷推進在文字內容生成、文生圖等領域的持續升級。

4.4.2　騰訊的社交隱憂

與此同時，騰訊作為「微信」這一國民級移動應用程式的擁有者，同時也擁有中國最龐大的社交使用者資料，這意謂著騰訊能夠基於這些社交使用者資料來訓練社交類 ChatGPT 產品。但隨之而來的問題是，雖然騰訊擁有龐大的社交使用者資料，但這些資料在充斥著造謠傳謠的資訊流中，必然會對資料訓練產生影響，進而影響最後的類 ChatGPT 產品效果。

　　也就是說微信的社交資料中，很多的資料是「髒」資料，要清洗與標註這些社交資料則需要大量的人工與成本支出。比如，僅 2022 年 1 月至 6 月，騰訊微信安全中心透過用戶投訴證據，核實確認後就處理了 8790 個發佈「違法違禁品」行銷資訊的微信個人帳號。在龐大的資料中，如何篩選有品質的資料進行訓練，對於騰訊而言，已經是一個亟待解決的現實問題。

　　另外，ChatGPT 的爆發也會對騰訊旗下的社交產品構成挑戰，以微信和 QQ 為例，本質上來看，微信或者 QQ 就是一種基於社交的資訊交流方式，而 ChatGPT 本身也就一種智慧資訊交互與交流的技術。作為未來人機互動的一個新入口，ChatGPT 很可能改變現有社交平台的對話模式，以更為自然的對話方式，讓使用者來使用軟體和調用技能。

　　在 ChatGPT 的浪潮下，傳統的微信或許在還沒有實現商業化變現之前就失去了優勢。一直以來，微信交易生態空有流量，而商業化與分發不精準的問題，為此還嘗試了類似薈聚這種中心化入口來供給流量，也嘗試了多種商業變現的方式，但結果並不理想。而這卻是 ChatGPT 的優勢所在，當然，這也是騰訊更值得探索的方向，比如透過 AIGC 來精準分發微信巨大的流量。

　　事實上，很難說究竟是微信還是百度才是中文網際網路最大搜尋引擎，微信官方資料是其搜一搜產品月活達到 8 億，如果以此計算，微信上邊的搜尋框才是中文第一大搜尋入口。但目前微信搜尋的體驗有很大提高餘地，這將是騰訊的 ChatGPT 的發揮舞台。

　　然而對於騰訊而言，ChatGPT 所帶來的另外一個挑戰就是騰訊現金奶牛的業務，即遊戲。按照目前 ChatGPT 所突破的技術方向來看，結

合 AIGC 就能自主的創作遊戲，並且可以讓遊戲根據不同的使用者個性化、差異化的即時生成不同的挑戰。這就意謂著對於遊戲行業而言，遊戲設計師，或者傳統的遊戲研發已經不是遊戲行業的核心競爭優勢，而是擁有類似於 ChatGPT 之類的人工智慧平台的公司。

顯然，當前的騰訊已經來到了面臨自我顛覆的十字路口，就像人們都在期待 Google 如何反擊 ChatGPT 與 Bing 的結合一樣，全世界也都在期待騰訊的做出基於 ChatGPT 技術的新型社交技術與新型遊戲技術。如果沒有，騰訊或者會在不經意的哪一天，就會被一種基於 ChatGPT 技術所發展出來的新型社交技術或新型遊戲技術取代。

4.5 字節跳動：能否守住流量城池？

相較於百度、阿里巴巴和騰訊來說，字節跳動無疑是中國網際網路行業的後起之秀。2012 年，北京字節跳動科技有限公司成立。字節跳動公司也是最早將人工智慧應用於移動網際網路場景的科技企業之一，字節跳動宣稱建設「全球創作與交流平台」為願景，以「技術出海」為全球化發展的核心戰略。

目前，字節跳動旗下產品有今日頭條、抖音、西瓜視頻、快懂百科、TikTok 等。作為中國網際網路的巨頭之一，有著 App 工廠之稱的字節跳動，最被外界討論的就是頗為神秘的演算法機制和以抖音、TikTok 為核心的無限流量。那麼，有著技術光華加持的字節跳動，又會如何面對 ChatGPT 的浪潮和挑戰？

4.5.1　神秘的演算法機制

在 2018 人工智慧大會上，字節跳動副總裁、人工智慧實驗室負責人馬維英曾經表示，技術出海是字節跳動全球化發展的核心戰略，而人工智慧技術則是字節跳動全球化取得當前進展的關鍵。

為不斷擴大龐大的海外版圖，字節跳動需要一個強大的人工智慧團隊提供支援。2016 年，字節跳動人工智慧實驗室（AI Lab）應運而生，為平台輸出海量內容提供 AI 技術支援。AI Lab 對自身的定位，是作為公司內部的研究所和技術服務商。AI Lab 團隊聚集了包括大家熟知的馬維英、李航、李磊等技術人士，在 2018 年一年的時間裡，AI Lab 團隊總人數翻了不止一倍，電腦視覺、自然語言、機器學習、系統 & 網路的團隊人數比去年增加一倍，而語音、音樂、安全以及美國 AI Lab 的團隊人數也飛速增長。

在基礎研究方面，字節跳動的 AI Lab 研究領域包括電腦視覺、自然語言處理、機器學習、語音處理、音訊處理、資料和知識挖掘、電腦圖像學、系統和網路、資訊安全以及工程和產品等。

當前，AI Lab 已將很多 AI 技術應用到實際產品中，大家相對比較熟悉的可能是在抖音、火山、西瓜、TikTok 等 app 中的應用，如把手機攝像頭變成人工智慧相機，抖音與 TikTok 的美顏、美體、濾鏡、人體人臉關鍵點識別、手勢識別等，背後都是由實驗室團隊提供的服務。

在 AIGC 方向，字節跳動的研究成果包括非自回歸模型 DA-Transformer、端到端語音到文字翻譯模型 ConST、多顆粒度的視覺語言模型 X-VLM、圖片和文字統一生成模型 DaVinci 等。其中 DA-Transformer 在機器翻譯

上首次達到了 Transformer 同樣的精度，而處理的速度提高了 7 ～ 14
倍。DA-Transformer 不僅可以用於機器翻譯，而且可以用於任意的序列
到序列任務。

　　事實上，類比 chatGPT，今日頭條甚至更早研發出了用於新聞內容
生成的 AI 平台——張小明（Xiaomingbot），既能針對資料庫中表格資料
和知識庫生成比賽結果報導，又可以利用體育比賽文字直播精煉合成比
賽過程的總結報導。在裡約奧運會上，撰寫了 457 篇關於羽毛球、乒乓
球、網球的消息簡訊和賽事報導，囊括了從小組賽到決賽的所有賽事。

　　除此以外，抖音的最新特效玩法 AI 繪畫也火速竄紅。只要輸入一張
圖片，AI 就會根據圖片生成一張動漫風格的圖片，一經上線就激發了用
戶的極大參與熱情，每秒最高使用量達 1W+，更是衍生出了多種應用場
景，風格融合了日漫、國漫和韓漫，成為了抖音在 AI 特效方向的里程碑。

4.5.2　鏖戰 ChatGPT

　　不可否認，作為網際網路科技行業的後起之秀，字節跳動已經在 AI
領域獲得不錯的成績。不過，面對 ChatGPT 的衝擊，雖然字節跳動曾經
以獨特的演算法技術獲得優勢，但是這些年擴展得太快，在 AI 尤其是類
ChatGPT 技術方面，字節跳動的技術儲備還相對較弱。

　　以字節跳動旗下產品今日頭條和抖音為例，多數人對「今日頭條」
的印象是家泛媒體平台，但字節跳動卻認為自己是家 AI 公司。因為不管
是今日頭條也好，抖音也好，字節跳動很少自己生產內容，而是鼓勵使
用者進行創作，並把使用者創作的內容推薦給最適宜的用戶群體。

這就是為什麼字節跳動最核心的系統包括頭條推薦系統與廣告系統、評論系統，以及內容合規性審核系統的原因，這背後實際上就是 AI 技術在不同領域或場景的應用。比如推薦系統裡最核心的內容推薦演算法。用 AI 去做推薦，是字節跳動重要戰略，目前也是應用最廣的技術，不管是今日頭條還是抖音、TikTok 等產品，AI 都在裡面發揮著重要作用。

然而，面對 AIGC 的興起，再加上 ChatGPT 的最佳結果推薦模式，字節跳動原先的推薦模式將受到必然的衝擊。具體來看，ChatGPT 結合 AIGC，用戶想瞭解哪方面的問題，ChatGPT 就可以給出答案，如果使用者需要以影片方式呈現的，ChatGPT 結合著 AIGC 就能夠自動生成了短影片並且獲得推薦，這對今日頭條或者抖音、TikTok 的影響，都是顛覆性的。

與此同時，字節跳動還面臨著激烈的同行競爭，尤其是在短影片方面。對於抖音一方面是來自於實力派的挑戰者快手瓜分流量，另外一方面是來自於長影片平台、視頻號，以及各種新媒體的視頻號，對抖音的短影片流量構成了強大的衝擊，如何留住流量，增長流量成為抖音當前要面對的現實難題。同樣，對於 TikTok 而言，其面臨著 ChatGPT 的壓力，以及 Meta、Youtobe 等方面圍繞人工智慧技術所帶來的挑戰。

其實，短影片和其他網際網路內容商業模式類似，本質是注意力經濟。「關注」是人類與生俱來的能力，每個人同時是注意力的生產者和消費者，獲得更多的注意力意謂著更強的影響力，擁有更多資源和財富。因此，作為多方主體的連接者，短影片平台可以控制流量的閘門。如果快手或者其他的短影片平台，能夠先於字節跳動做出基於 ChatGPT 以及 AIGC 的短影片平台，那麼字節跳動的核心業務就將受到動搖和強烈衝擊。

並且，相對於阿里巴巴、百度、騰訊等企業，字節跳動缺乏雲業務。2021 年 6 月，字節跳動才推出旗下企業技術服務平台「火山引擎」。火山引擎也被外界稱為「字節雲」，它和協同辦公平台飛書共同構成了字節跳動對外的 To B 服務體系。要知道，雲的價值就在於龐大的資料。阿里、騰訊、華為願意為虧損的雲業務投入多年。原因在於雲是數字經濟的底座，它的戰略價值無法忽略。

整體來說，能否在這場網際網路科技大廠應對 ChatGPT 的鏖戰之中殺出重圍，還需要看字節跳動是否真正具有訓練大模型的能力並產生真正的技術壁壘，實現從資料積累到模型結構設計、訓練推理的轉變，把內容生成技術與自身的商業場景優勢相結合，實現 AIGC 的巨大變革。

4.6　京東雲：打造產業版 ChatGPT

當前，人工智慧技術已步入全方位商業化階段，並對傳統行業各參與方產生不同程度的影響，而打著「產業 AI」旗號的京東，則一直親歷著 AI 在產業落地的全部。京東連接著消費網際網路和產業網際網路，零售、物流、工業品、金融等業務板塊涉及完整的供應鏈全鏈條，對於 AI 在產業各個環節中的落地，京東可謂是熟悉與清楚。這使得面對 ChatGPT 的爆紅，京東也表示將會不斷結合 ChatGPT 的方法和技術融入到產品服務中。

4.6.1　走向「產業 AI」

AI 真正啟動產業價值的方式，是融入產業，成為一種高可用的基礎技術與基礎設施，這也是一直以來京東在 AI 領域的戰略所在。

　　從技術角度來看，京東在 AI 產業的佈局，主要聚焦文字、聲音、對話生成、數位人生成和通用型 Chat AI 技術五個方面。

　　文字生成方面，從 2019 年開始，京東接連發佈基於自研領域模型 K-PLUG（參數量 10 億），對於給定商品的 SKU，自動生成長度不等的商品文案，包括商品標題（10 個字）、商品賣點文案（100 字）、商品直播文案（500 字）三類，聚焦商品文案生成。目前商品文案寫作能力已經覆蓋 2000 多個京東的品類，京東的商品文案生成技術已累計生成文案 30 多億字。

　　語音生成方面，從 2018 年開始，京東自研語音生成技術，當前的線上版本是 6.1 版本。京東定制化的精品音色只需要 30 分鐘的訓練資料，小樣本個性化音色克隆只需要 10 句話的訓練樣本。482 人對比盲測顯示，多顆粒度韻律增強的語音合成技術達到業內領先，並支援中文、英文、泰語，廣東話、成都話等各類方言音色。語音合成主要應用到智慧客服、SaaS 外呼、金融、AI 直播等產品。

　　對話生成方面，不同於閒聊式對話，任務導向性對話與體驗強相關，需要解決真實世界深度複雜的任務。針對多樣化複雜場景下對話決策推理能力弱的問題，言犀推出了可解釋的多跳推理、數值推理和高噪音場景下口語化表達的話語權決策新方法，實現了多輪對話從資訊匹配到複雜推理的技術突破。在 WikiHop 資料集上，以 74.3% 的準確率，首次超越人類表現水準 74.1% 的準確率。此外，京東雲旗下言犀人工智慧平台可以為 17.8 萬商家提供智慧諮詢與導購服務，為商家節省 30%+ 人力成本，服務已覆蓋零售行業超過 80% 品類，以及 50%+ 京東平台商家，包括美的、華為、愛迪達、聯想等品牌。

數位人生成方面，京東雲從 2021 年開始研發數位人技術，目前已具備全棧自研的 2D 學生、3D 寫實和 3D 卡通三類數位人合成技術。目前，數位人技術產品已廣泛應用於政務、金融、零售直播等領域。

通用型 Chat AI 方面，自 2020 年發佈「言犀」人工智慧應用平台以來，京東雲打造創新對話與交互技術、產品，包括京東智慧客服系統、京小智平台商家服務系統、智慧金融服務大腦、智慧政務熱線，言犀智慧外呼、言犀數位人等，服務範圍包括 17.8 萬協力廠商商家，2022 年透過文字、語音、數位人等多模態多輪對話方式在多樣化的場景上共服務京東域內外 14 億人次用戶。

透過建構這些 AI 技術成果，京東在零售、物流、金融、健康等各業務方面也不斷加速 AI 應用的落地，並搭建起京東的產業 AI 全景圖。2019 年，京東就入選了智慧供應鏈國家新一代開放創新平台，在 2022 年 WAIC 世界人工智慧大會上，何曉冬進一步拆解了平台的建設情況，該平台擁有「1+6+N」能力體系，其中，N 就代表了京東 AI 能力賦能的諸多場景，從城市、金融、網際網路到交通、教育、醫療、農業等等。目前，京東 AI 技術已經服務了全國 80 多座城市、880 家金融機構、1821 家大型企業、195 萬家中小微企業。

4.6.2　發佈「125 計畫」

2023 年 2 月 10 日，京東雲發佈了將推出「產業版」ChatGPT——ChatJD 的消息，同時公佈了 ChatJD 的落地應用路線圖「125」計畫。

京東雲指出，ChatGPT 在通用性方面已經展現出強大的能力，但在忠實度、可信度、精準度方面還存在一些不足，這主要是由於在中間層缺少垂直的產業知識和領域知識，難以在真實應用層廣泛落地開花。

因此，基於產業需求，京東雲旗下言犀人工智慧應用平台將推出 ChatJD，定位為產業版 ChatGPT，旨在打造優勢、高頻、剛需的產業版通用 ChatGPT。ChatJD 將透過在垂直產業的深耕，快速達成落地應用的標準，並不斷推動不同產業之間的泛化，形成更多通用產業版 ChatGPT，建構資料和模型的飛輪，以細分、真實、專業場景日臻完善平台能力，最終反哺和完善通用 ChatGPT 的產業應用能力。京東集團副總裁何曉冬稱，相較於傳統聊天機器人，京東的場景更加垂直，必須解決用戶的問題，更加聚焦於任務型多輪對話，考量的是對話的精準度、客戶的滿意度，滿足成本、體驗、價格、產品、服務等要素的要求。

具體來看，ChatJD 將以「125」計畫作為落地應用路線圖，包含一個平台、兩個領域、五個應用。

一個平台是指 ChatJD 智慧人機對話平台，即自然語言處理中理解和生成任務的對話平台，預計參數量達千億級；兩個個領域則是零售、金融，得益於京東雲在零售與金融領域 10 餘年真實場景的深耕與沉澱，已擁有 4 層知識體系、40 多個獨立子系統、3000 多個意圖以及 3000 萬個高品質問答知識點，覆蓋超過 1000 萬種自營商品的電商知識圖譜，更加垂直與聚焦；五個個應用包括內容生成、人機對話、使用者意圖理解、資訊抽取、情感分類，涵蓋零售和金融行業複用程度最高的應用場景，在客戶諮詢與服務、行銷文案生成、商品摘要生成、電商直播、數位人、研究報告生成、金融分析等領域將發揮廣泛的落地價值。

實際上，這些計畫也是京東既有工作的延續。在通用型 Chat AI 方向，京東雲已經擁有包括京東智慧客服系統、京小智平台商家服務系統、智慧金融服務大腦、智慧政務熱線，言犀智慧外呼、言犀數位人等系列產品和解決方案。拆解到細分技術領域，京東雲在文字生成、對話生成、數位人生成方向等方向也已經做出了一些成果。

以語言生成為例，京東 NLP 團隊提出的基於領域知識增強的預訓練語言模型 K-PLUG 可以在一定程度上解決生成文字的「可控性」問題。目前，該模型已經覆蓋了京東的 3000 多個三級品類，累計生成文案 30 億字，應用於京東發現好貨頻道、搭配購、AI 直播帶貨等。

值得一提的是，雖然京東認為 ChatGPT 在忠實度、可信度、精準度方面還存在一些不足，但基於 ChatGPT 的二次開發、定制依然會對京東當前的 AI 落地造成衝擊。目前越來越多的人在利用 ChatGPT 學習能力建構形成非常多的工具和定制化服務，這將成為一個新的行業，從簡單的 Chrome 外掛程式到調用 ChatGPT 的介面進行各種行業的應用創新。並且，各個垂直行業將形成領域性智慧問答服務。ChatGPT 正在進入各個行業，產生新的應用場景，從而形成各個垂直行業的領域性智慧問答服務，帶來新的行業創新以及其他形式的應用。顯然，在 AI 產業落地化方面，相較於 ChatGPT，京東的優勢也是有限的。而相對於京東在中國最強大的對手阿里巴巴而言，京東在人工智慧方面的實力也面臨著現實的壓力，這也是當前京東產業版 ChatGPT 落地需要面對的現實問題。

4.7 AI 產業的「二次洗牌」

隨著熱度不斷走高、資本蜂擁而至，類 ChatGPT 技術每每有風吹草動，也都牽動中國 AI 企業的神經。這從 ChatGPT 概念股的風雲湧動就可見一斑。

4.7.1 狂潮下的虛假繁榮

實際上，ChatGPT 爆紅後，今年在中國內地上市的人工智慧相關股票大幅飆升。其中，A 股的海天瑞聲（688787.SH）累計漲幅超 70%；漢王科技（002362.SZ）連續 5 個交易日「一字」漲停，累計漲幅超 60%；初靈信息（300250.SZ）累計漲幅超 60%，格靈深瞳 -U（688207.SH）累計漲幅超過 40%。此外，由於 AIGC 概念股反覆活躍，天娛數科、因賽集團、科大國創、視覺中國等跟漲。1 月初至今，萬興科技（300624.SH）累計漲幅 37.55%。其中不乏是藉助於 ChatGPT 概念炒作的公司。

當然，很快，ChatGPT 概念股就畫風突變，多家明確回應與 ChatGPT 無關聯。比如中國「電腦視覺四小龍」之一雲從科技，作為「AI 四小龍」之一，雲從科技出身中科院重慶研究院，其股東多為「國資背景」，並被市場冠以「AI 國家隊」的稱號，擁有中國領先的 AI 技術能力。

隨著 ChatGPT 爆紅，雲從科技受到了資本市場關注，ChatGPT 的幾週裡，雲從科技股價累積漲幅就已超 40%。對於此，雲從科技也都是長篇大論高度稱讚 ChatGPT 的巨大進步，再聯繫到跟自家佈局如何吻合。直到 2 月 6 日，雲從科技發佈股票交易嚴重異常波動公告，才打開天窗説亮話：「公司未與 OpenAI 展開合作，ChatGPT 的產品和服務未給公司帶來業務收入。」

幾乎同時，海天瑞聲也發佈公告表示，近年來，公司收入結構中有大約 90% 的貢獻來自於智慧語音和電腦視覺業務領域；自然語言業務對公司整體貢獻大約在 10% 左右，未來其是否能快速發展成為公司的核心支柱之一，將受市場需求、競爭環境等因素的影響，存在較大的不確定性。截至公告披露日，公司尚未與 OpenAI 展開合作，ChatGPT 的產品和服務尚未給公司帶來業務收入。

事實上，在所有正在大漲的概念股中，鮮有公司真正擁有與 ChatGPT 高度相近的業務或者技術，大都是業務同在 AI 技術領域。比如漢王科技，公司在 C 端市場主打電紙書、電子手寫板等產品，B 端市場除了掃描器、觸控一體機等產品，也提供智慧辦公、智慧教育等一系列解決方案，暫未有 AIGC 相關或者能夠體現 AI 多輪對話能力的產品，但在核心技術上涉及 NLP 等 ChatGPT 所需技術。

事實是，雖然從研發和商用化的角度考慮，ChatGPT 是一個具有革新意義的產品，但並不是每家企業都能參與其中。對於人工智慧技術而言，一旦在一個領域的應用獲得了根本性的突破，就意謂著即將引發新一輪的產業與商業革命。正是由於這種技術的突破依賴於核心技術，因此如果沒有形成核心技術，而只是依賴於概念的關聯性炒作，這類公司的股價將會很快被資本拋棄。

4.7.2　商湯還有可能嗎？

作為領先的 AI 技術軟體公司，商湯曾因人工智慧領域中最頂尖的華人科學家多數集中在商湯，公司風頭一時無兩。

不可否認，商湯科技作為「AI 四小龍」之首，有其獨到的優勢。以電腦視覺技術（CV）起家的商湯科技成立於 2014 年。商湯科技的起步，非常具有「優等生」特色：成績優異，包攬大獎。當前，無論是演算法還是算力，商湯科技在同行業都位列前茅，而且有自研的人工智慧專用晶片。

但就算是優等生，商湯也難掩其持續虧損的事實。過去幾年間，商湯科技在「AI 四小龍」體量最大，營收是曠視的兩倍多，是雲從、依圖的三倍甚至更多，商湯科技的毛利在「AI 四小龍」中也是最高的，從 2018 年的 56.48% 上漲到 2021 年的 72.95%。然而，體量越大，虧損也多。對於商湯科技而言，2018 年至 2021 年，公司歸母淨利潤均為虧損且加劇，分別為 34.28 億元、49.63 億元、121.58 億元、171.4 億元。在巨大的虧損下，商湯也給投資者留下了一個未解之謎，那就是公司的高管依然拿著動輒數億的天價薪酬。

2020 年，商湯科技徐立、王曉剛、徐冰三人薪酬（以股份為基礎的薪酬開支為主，下同）分別為 3.57 億元、1.63 億元、1.61 億元，合計 6.81 億元；2021 年，三人薪酬分別為 5.22 億元、3.81 億元、3.1 億元，合計 12.13 億元。公司越虧越多，而徐立、王曉剛、徐冰三人在短短兩年內卻已經取得 18.94 億元的薪酬。

2021 年上半年，商湯科技研發的投入甚至已經甚至已經超過了營收，商湯科技將自身定位為用技術賦能百業、行業領先的 AI 軟體平台型公司，但商湯 AI 的商業化卻一直是商湯的老大難問題。

如今，隨著 ChatGPT 的爆發，商湯科技或許也將迎來強大的商業化落地的機會。目前在 AIGC 領域，2022 年 12 月，商湯科技宣佈，其

為寧波銀行上海分行打造的 001 號數位人員工「小寧」主持了一場虛實結合、打破次元壁的線上直播活動，該數位人員工是由商湯科技為寧波銀行專屬打造的「虛擬 IP」，基於商湯原創的「虛擬 IP 解決方案」及多種領先的 AI 技術，可以實現高效率、低成本的 AIGC 內容創作，助力銀行實現前端業務的用戶累積和行銷轉化。

根據 IDC 發佈的《中國 2022 H1 人工智慧軟體及應用市場追蹤報告》顯示，商湯在中國 AI 軟體及應用市場位元列前茅，成為市場領導者。同時，在關鍵的電腦視覺子市場，商湯連續六年蟬聯第一，整體市場佔有率占比 20.7%。同時，商湯亦被胡潤百富榜評為「元宇宙最有潛力中國企業 Top20」。

目前，基於商湯 SenseCore AI 大裝置，透過規模化量產商用模型推動大規模產業智慧化升級。商湯科技正在建構一站式 AI 基礎服務平台 SenseCore 商湯大裝置 AI 雲，實現人工智慧即服務 AIaaS（AI-as-a-Service）。ChatGPT 消息提振整個港股 AI 板塊，受此影響，1 月末至 2 月初，商湯 -W（00020.HK）累計漲幅近 30%。

「實驗室和商業社會的鴻溝」曾是商湯成功的原因所在，也是商湯後來受到掣肘的原因所在。這意謂著，商湯仍需要從早期普遍強調技術優勢，過渡到更加注重產品化、更加融合生態、更加解決實際問題的商業化發展階段。

面對 ChatGPT 所引領的人工智慧之風席捲而來，商湯麵臨著巨大的挑戰。一方面是訓練類 ChatGPT 產品則需要投入更多的訓練成本，另外一方面是公司巨大的虧損短時間見不到扭虧的可能性，此外在巨大資本與研發支出的情況下，高管又拿著以億為單位的天價薪酬。面對這些

現實的困境，投資人如果能夠再給予耐心讓商湯在人工智慧的道路上繼續燒錢來探索，商湯或許就能證明自己商業的變現能力，否則，商湯依然隨時都可能變成「殤湯」。

4.7.3　應用 ChatGPT 相關技術

在 ChatGPT 概念股中，一些下游企業看好 ChatGPT 的應用前景，並已經積極地將 ChatGPT 服務整合到自家業務中。

資訊安全龍頭企業北信源在互動平台表示，其打造的通訊聚合平台信源密信（Linkdood）可透過 DDIO 開發介面與任何智慧型機器人進行快速對接，目前已實現 ChatGPT 對接，未來百度文心一言若支援開放對接，信源密信能實現與其進行快速對接。

機器視覺龍頭企業淩雲光亦在互動平台表示，公司虛擬數位人已經在使用 ChatGPT 類似技術，也已經在測試使用 ChatGPT 相關技術。此外據媒體報導，江蘇銀行已嘗試運用 ChatGPT 技術提升軟體發展生產力，進一步提高科技營運效能，為其客戶創造更好的對話體驗。管理軟體供應商久其軟體在互動平台表示，其子公司華夏電通正在研發的法律 AI 引擎有用到 AI 自動生成內容相關技術，但公司目前未對 AIGC 收入情況做單獨統計。

還有一些 ChatGPT 概念股企業明確表示，計畫將 ChatGPT 相關技術引入自己的產品或業務中。

2023 年 2 月 8 日，中國紡織梳理器材龍頭企業物產金輪在互動平台上表示，其參股公司靈伴科技在 2020 年 4 月底發佈長音訊 AIGC 平

台「呱呱有聲」，提供有聲內容製作全流程 AI 生成與輔助能力，可實現從「文字」到「作品」的全流程一體化智慧生產方式。靈伴科技正在 ChatGPT 與其自主研發的中文概念語義建模技術相融合，在 GPT 大規模語言模型和 RHLF 人工回饋強化學習能力的基礎上，建構可持續自主學習的通用領域智慧型對話機器人。

同日，中國遊戲巨頭昆侖萬維在互動平台表示，目前其旗下 Opera 瀏覽器計畫接入 ChatGPT 功能，不斷利用 AI 技術賦能業務發展。

以 IP 為核心的元宇宙行銷科技服務機構元隆雅圖在互動平台表示，公司非常關注 AIGC 和 ChatGPT 等前沿技術的發展，正在研究相關技術與公司業務相結合的應用場景。

安防企業聲迅股份亦稱高度關注 ChatGPT 相關的行業化應用，也在探索 ChatGPT 與公司業務的結合點。GAN、Transformer、擴散模型等 AI 生成內容模型在公司的禁帶品識別產品、影片分析產品中有應用。

至於這些公司對公眾多披露的資訊是否屬實，目前也難以判斷，是否屬於藉機炒作也難以定論。但至少可以讓我們看到，各行各業因為 ChatGPT 的出現，已經意識到了人工智慧時代真正開啟了。並且都在積極的佈局與探索，或者尋求與 ChatGPT 或同類技術的合作，以此來賦能與探索行業的升級。

整體來說，ChatGPT 想要走向市場，不能忽略的一個問題就是 ChatGPT 的經濟性。一直以來，訓練階段的沉沒成本過高，就導致人工智慧應用早期很難從商業角度量化價值。隨著算力的不斷提高、場景的增多、翻倍的成本和能耗，人工智慧的經濟性將成為橫梗在所有公司面

前的問題。而對於廣大投資者而言，需要謹慎對待科技概念熱潮下的炒作，真正尋找到具人工智慧核心優勢技術的公司，而不是理論與宣傳層面的核心技術公司。

不論我們是否願意，ChatGPT 引發的人工智慧新時代已經正式開啟。全世界都將基於人工智慧展開新一輪的競爭，而技術所引發的商業變革將會波及各行各業。也正是因為新技術的出現，可以給人類社會開闢出新的商業文明。ChatGPT 所引發的人工智慧變革只是剛剛開始，未來，我們將會有更多的挑戰與期待。

Chapter

Chapter **5**

ChatGPT 革了誰的命

5.1　ChatGPT 會取代搜尋引擎嗎？

作為 AI 領域的現象級應用，ChatGPT 也帶來了空前的討論熱度，而在關於 ChatGPT 的各種討論中，「能否取代搜尋引擎」這個話題可能是其中最火的一個。這不難理解，畢竟 ChatGPT 本身就可以被理解為一個基於深度學習的聊天機器人，在龐大的資料訓練下，ChatGPT 無所不知也不是沒有可能。

這也是為什麼 ChatGPT 的出現會讓 Google 如臨大敵的原因，因為 Google 搜尋的本質是大數據資訊檢索，Google 最大的優勢就在於搜尋引擎。但 ChatGPT 不僅是資訊的檢索，更是經過分析之後給出結果。因此，當大家都去用 ChatGPT 這樣的聊天機器人獲取資訊，就沒有人會點擊帶有廣告的 Google 連結了。2021 年，Google 廣告還為 Google 貢獻了總收入的 81.4%。那麼，ChatGPT 會代替搜尋引擎嗎？

5.1.1　降維打擊搜尋引擎

理論上，ChatGPT 是可以取代傳統搜尋引擎的，甚至是降維打擊 ChatGPT。

儘管 ChatGPT 自己給出了「否定」回答，ChatGPT 認為「ChatGPT 並不是搜尋引擎，它的目的不是提供資訊搜尋。相對於搜尋引擎透過索引網頁並匹配搜尋詞來提供資訊，ChatGPT 則是透過對自然語言問題的回答來說明用戶解決問題。因此，它們之間沒有直接的競爭關係，並不能相互顛覆」。

　　但如果我們從個人對於資訊需求的角度出發來看，主動式的資訊需求分為幾個步驟，第一步就是意圖的理解，第二步去尋找合適的資訊，第三步可能就是尋找完合適的資訊之後做理解和整合，第四步可能就是回答。當前傳統的搜尋引擎，不管是 Google 還是百度，或者是其他搜尋引擎，都只能做到三步，就是理解意圖，隨後進行資訊的匹配和尋找，再進行呈現。於是，在傳統的搜尋模式中，我們輸入問題，搜尋引擎就會返回一些片段，通常是返回一個連結清單。

　　而 ChatGPT 卻在這個基礎上，再多了一步，就是理解和整合。事實上，這也是當前搜尋引擎想要發展的下一個方向，比如，Google 就在進行這方面的研究，只不過 ChatGPT 的突然誕生，提早完成了這一步驟，而且 ChatGPT 的效率還要高過傳統的搜尋引擎。這也正是今天 ChatGPT 的優勢所在。

　　更具體一點來看，ChatGPT 或者聊天機器人本身其實就已經是一個比較完備的載體，一定程度上，我們能在上面做我們想做的幾乎所有事情，而這其中就包括搜尋引擎上的事。雖然 ChatGPT 能做搜尋引擎做的事情，但 ChatGPT 並不侷限於搜尋引擎上，ChatGPT 還可以提供追問的答案。如果使用者有需要，ChatGPT 還可以告訴用戶自己這樣分析與建議的依據來源。

　　當然，當前這個 ChatGPT-3 的版本還不能夠取代搜尋引擎。其中一個最重要的原因，也是 ChatGPT 自發佈以來就被詬病的問題，那就是準確率不夠高──對於不少知識類型的問題，ChatGPT 會給出看上去很有道理，但是卻是錯誤答案的內容，考慮到對於很多問題 ChatGPT 又能回答得很好，這將會給用戶造成困擾。而並非完全錯誤但又不夠準確的答案不僅僅會混淆我們的判斷，長久之後還可能讓我們失去 ChatGPT 的信任。

當然這種情況也是在意料之中，因為 ChatGPT 儘管到當前已經更新到了第三代，也就是 ChatGPT-3，但其所訓練的資料庫還非常有限。同時，ChatGPT-3 也是第一次開放給公眾進行互動。因此，從嚴格意義上而言，ChatGPT-3 還只是一個測試產品，存在著各式各樣的問題是在所難免，也是必然的情況。

整體來說，雖然目前 ChatGPT 還無法取代傳統搜尋引擎，但 ChatGPT 的出現已經對傳統搜尋引擎造成了衝擊──相比 Google 搜尋抓取數十億個網頁內容編制索引，然後按照最相關的答案對其進行排名，包含連結清單來讓你點擊，ChatGPT 能夠直接基於它自己的搜尋和資訊綜合的單一答案，回覆流程也更加簡便。

實際上，從傳統搜尋引擎到 ChatGPT 的跨越，也是人類資訊獲取的進一步發展。尤其是在人類步入大數據時代之後，尋找資訊，幾乎是所有人類所有的困境。科技越不發達的時代，資訊搜尋的成本越高，在古時，人們甚至需要跨越山海去獲取資訊；後來，黃頁和大英百科全書的出現，讓人們得以更快地獲取資訊，這也是為什麼在 20 世紀的幾十年裡，這黃頁和大英百科全書是幾乎所有人都需要每天使用的。無論是黃頁，還是大英百科全書，他們提供的價值基本相同：就是將我們最常見的問題的答案打包，捆綁在方便的模組中。於是，本來我們需要去圖書館或步行到鎮上才能解答的問題，突然間可以在幾分鐘內，就可以得到解決。

而現在，ChatGPT 出現卻讓問題和答案之間的距離進一步縮短，人類獲取資訊的方式，又往前大踏了一步。

5.1.2　變身高級助手

面對 ChatGPT 的衝擊，搜尋引擎除了被代替外，還有另一條路可以選擇，就是和 ChatGPT 結合。微軟就率先做出了這樣的探索。

2023 年 2 月 7 日，微軟在美國華盛頓州雷德蒙德的公司總部正式推出採用 ChatGPT AI 技術的全新 Bing 搜尋引擎，並將新 Bing 整合進新版 Edge 網路瀏覽器中，以提高其搜尋準確性和效率，並致力於將「搜尋、瀏覽和聊天進行整合，為用戶提供更優質的搜尋場景、更全面的回答、一個全新的聊天體驗和內容生產能力。」

以 Bing 為例，新 Bing 體現出不同於傳統搜尋引擎的三個特徵。

首先，在新版 Bing 上搜尋後，可以質詢結果，而不僅是重新輸入關鍵字查詢。比如，如果我們傳統搜尋引擎的搜尋框查詢搜尋「占比最大的軟體類型」時，它給出的答案可能是「企業軟體」，並給出了這一答案的資訊來源於何處。而使用新版本 Bing，在搜尋結果頁面的頂部不僅僅會出現類似的內容，在搜尋結果的下方還增設了一個聊天文字方塊。在這個聊天文字方塊中，我們可以對結果提出疑問，比如，我們如果對搜尋結果提出質疑——輸入「是真的嗎」，新版 Bing 會提供更多內容來驗證之前的結論。

在測試中，新版 Bing 顯示：「有人可能會説，搜尋廣告是世界上收入占比最大的軟體類別」，並同時指出目前市面上存在許多方法來評估不同的軟體類型。而這一點，在我們使用傳統的搜尋引擎時並不會出現。也就是説，新版 Bing 在傳統搜尋引擎模式下新增了更智慧的多輪對話能力，讓人們搜尋的體驗更佳。

其次，新版 Bing 提供的搜尋結果可以超出搜尋的內容範疇，這能夠說明搜尋者瞭解更多相關的內容。比如，我們在傳統搜尋引擎中輸入「如果我想瞭解德國表現主義的概念，我應該看、聽和讀哪些電影、音樂和文學作品」，傳統搜尋引擎可能會展現出關於德國表現主義、德國表現主義電影、音樂、文學作品的連結，但也只限於這些範圍。而當將同一問題輸入新版 Bing 時，它不僅提供了代表德國表現主義的電影、音樂和文學作品清單，還為使用者額外提供了有關這一藝術運動的相關背景資訊。這個搜尋結果看起來就像維琪百科上關於德國表現主義的條目，同時還配有連結到原始材料的註腳，以及符合提問要求的流派範例。可以看見，相較於傳統的搜尋引擎，新版 Bing 搜尋更像 ChatGPT，並且可以提供更多的資訊。

最後，新版 Bing 還能為人們提供更人性化的建議。比如，用戶想要一個健身計畫和飲食計畫，在傳統搜尋引擎上輸入「創建一個 57 公斤重的體重，身高 180 釐米的 1 個月增加 4 公斤的男性健身計畫和飲食計畫」，傳統搜尋引擎會顯示關於男性健身飲食計畫的相關內容，但並非針對性的建議。而在 ChatGPT 上詢問這個問題時，它的回答會顯示出一個專案符號清單，上面會列出它建議的健身計畫和飲食計畫。其中，建議包括舉重，有氧運動和吃一頓「富含蛋白質、健康脂肪和複雜碳水化合物的晚餐」，比如鮭魚配藜麥和蔬菜，火雞漢堡配紅薯薯條。

但同一問題當詢問新版 Bing 時，它會指出，一個人在 1 個月內增加 4 公斤可能是不現實的，並警告說這樣做對人體健康有「潛在危害」。新版 Bing 指出，獲得這麼多的肌肉量可能「需要很大的遺傳潛力，類固醇，或兩者兼而有之」。當新版 Bing 意識到搜尋查詢結果中包含一個潛在的有害前提時，它還會建議用戶「請調整你的預期，設置一個更合理和可持續的目標」。

另外，新版 Bing 還可以自動生成旅行計畫，以往我們在做旅行計畫的時候，往往要花很多時間在網路上找攻略，篩選攻略，再個性化地定制攻略，比如在搜尋框中輸入「為我和我的家人創建一個雲南 5 日遊計畫」，Bing 會直接生成非常完整的 5 日旅行計畫，包括每一天分別去哪些地方、推薦吃什麼，追問「哪裡有夜市」，Bing 也秒列答案。更甚至，如果我們想給生成旅行計畫，可以讓 Bing 為你寫一個旅行計畫的總結郵件，它會按照電子郵件的標準格式來撰寫，並寫出一個溫馨的結尾。

可以説，整合了 ChatGPT 的新 Bing 以及新版 Edge 網路瀏覽器集搜尋、瀏覽、聊天於一體，也給人們帶來前所未有的全新體驗：更高效的搜尋、更完整的答案、更自然的聊天，還有高效生成文字和程式設計的新功能。也就是説，搜尋引擎不再只是查詢工具，它已經變成了人們的高能助理。微軟 CEO 薩蒂亞‧納德拉對此表示，網頁搜尋的模式已經停滯數十年，而 AI 的加入讓搜尋進入全新的階段。

5.1.3　一觸即發的搜尋引擎之爭

ChatGPT 的出現對傳統搜尋引擎的衝擊也讓科技大廠聞風而動。

要知道，一直以來，搜尋都是微軟、Google 母公司 Alphabet 短兵相接的主戰場。其中，市值 1.4 兆美元的 Google 公司，去年從搜尋這塊業務，獲得了 1630 億美元的收入，占 Google 總營業額的 57%。Google 的整個廣告部門產生了 2240 億美元，占所有收入的 79%。

2023 年 2 月 8 日凌晨，微軟發佈會在華盛頓召開，由 ChatGPT 提供支援的全新搜尋引擎 Bing 和 Edge 瀏覽器正式亮相。微軟市值，也在一

夜間漲超 800 億美元（約 5450 億元人民幣），達到五個月來新高。微軟將 ChatGPT 整合進 Bing 搜尋引擎中無疑是一磅重磅消息。13 年來，微軟一直使出渾身解數，試圖與 Google 競爭搜尋引擎市場，但 Bing 的全球市場佔有率一直保持在較低的個位數——營運了 20 多年的 Google，在搜尋領域中保持了高達 91% 的市場佔有率，而 Bing 只有微不足道的 3%。

面對 ChatGPT 的爆發，2023 年 2 月 6 日，Google 母公司 Alphabet Inc. 宣佈將推出聊天機器人「巴德 (Bard)」，在生成式人工智慧領域與最近走紅的微軟公司的 ChatGPT 一較高下。Google 首席執行官孫達爾·皮柴當天在博客上介紹，「巴德」起初僅供一些測試人員使用，之後再大範圍推廣。據美媒報導，「巴德」能用「簡單到連孩子也能理解的語言」解釋較複雜主題，比如外太空探索發現。它還可以執行更為日常的任務，比如為策劃聚會提供建議或根據冰箱內剩餘食材建議午餐內容。

不幸的是，Google 在首次發佈 Bard 時，就在首個線上 Demo 影片中犯了一個事實性錯誤。在 Google 分享的一段動畫中，Bard 回答了一個關於詹姆斯 • 韋伯太空望遠鏡新發現的問題，稱它「拍攝了太陽系外行星的第一批照片」。

然而，這是不正確的。有史以來第一張關於太陽系以外的行星，也就是系外行星的照片，是在 2004 年由智利的最大射電望遠鏡（Very Large Array, VLA）拍攝的。一位天文學家指出，對於這個問題可能是因為人工智慧誤解了「美國國家航空航天局 (NASA) 低估歷史的含糊不清的新聞稿」。這一錯誤也導致開盤即暴跌約 8%，市值蒸發 1020 億美元（6932.50 億人民幣）。

　　除了 Google，百度在這方面也有動作。2023 年 2 月 7 日，百度公司確認，此前流傳的類 ChatGPT 聊天機器人專案名字確定為「文心一言」，英文名 ERNIE Bot。將在 3 月完成內測，面向公眾開放。此前就有媒體透露，百度計畫在 3 月推出類似於 ChatGPT 的 AI 聊天機器人服務。

　　今天，ChatGPT 已經點燃了搜尋引擎之戰，而不久之後，傳統的搜尋引擎或許也將在 ChatGPT 的狂潮下成為資訊搜尋的過去式。

┃5.2　被顛覆的內容生產

　　進入 2023 年，ChatGPT 也逐漸從聊天工具逐漸向著效率工具邁進，ChatGPT 的各種應用場景不斷被挖掘出來。顯然，ChatGPT 已經不是簡單的智慧問答系統，而是基於人工智慧的文字生成技術，它可以自動生成各式各樣的文書。而 ChatGPT 的爆發，首先帶來的就是內容生產模式的大變革。

5.2.1　從 PGC 到 AIGC

　　今天的時代是一個內容消費的時代，文章、音樂、影片甚至是遊戲都是內容，而我們，就是消費這些內容的人。既然有消費，自然也有生產，與人們持續消費內容不同，隨著技術的不斷更迭，內容生產也經歷了不同的階段。

　　PGC 是傳統媒體時代以及網際網路時代最古早的內容生產方式，特指專業生產內容。一般是由專業化團隊操刀、製作門檻較高、生產週期

較長的內容，最終用於商業變現，如電視、電影和遊戲等。PGC 時代也是門戶網站的時代，這個時代的突出表現，就是以四大門戶網站為首的資訊類網站創立。

1998 年，王志東與姜豐年在四通利方論壇的基礎上創立了新浪網。1999 年的「科索沃危機」和「北約導彈擊中中國駐南聯盟大使館事件」，奠定了新浪門戶網站的地位。1998 年 5 月，起初主打搜尋和郵箱的網易，開始向門戶網站模式轉型。1999 年，搜狐推出新聞及內容頻道，確定了其綜合門戶網站的雛形。2003 年 11 月，騰訊公司推出騰訊網，正式向綜合門戶進軍。

在初期，所有這些網站，每天要生成大量內容，而這些內容，並不是由網友提供的，而是來自於專業編輯。這些編輯要完成採集、錄入、審核、發佈等一系列流程。這些內容代表了官方，從文字、標題、圖片、排版等方面，均體現了極高的專業性。隨後的一段時間，各類媒體、企事業單位、人民團體紛紛建立自己的官方網站，這些官網上所有內容，也都是專業生產。

後來，隨著論壇、博客，以及移動網際網路的興起，內容的生產開始進入 UGC 時代，UGC 就是指使用者生成內容，即使用者將自己原創的內容透過網際網路平台進行展示或者提供給其他用戶。微博的興起降低了使用者表達文字的門檻；智慧手機的普及讓更多普通人也能創作圖片、影片等數位內容，並分享到短影片平台上；而移動網路的進一步提速，更是讓普通人也能進行即時直播。UGC 內容不僅數量龐大，而且種類、形式也越來越繁多，推薦演算法的應用更是讓消費者迅速找到滿足自己個性化需求的 UGC 內容。

縱觀 UGC 的發展歷程，一方面是因為技術的進步降低了內容生產的門檻，在這樣的背景下，由於消費者的基數遠比已有內容生產者龐大，讓大量的內容消費者參與到內容生產中，毫無疑問能大幅釋放內容生產力。另一方面，理論上，消費者們本身作為內容的使用物件，最瞭解自己群體內對於內容的特殊需求，將內容生產的環節交給消費者，能最大程度地滿足內容個性化的需求。

值得一提的是，在網際網路的 PGC 時代，並不意謂著完全沒有 UGC 方式，只不過由於當時 UGC 的成本和門檻都相對較高，而呈現出整體性的 PGC 特徵；而後來的 UGC 時代也同時具有 PGC 方式，只是由於人人都是內容的生產者，而 PGC 的內容則顯得更加小眾。我們現在所處的內容生產時代，其實就是一個 UGC 和 PGC 混合的時代。UGC 極大程度地將數位內容的供應擴容，滿足了人們個性化以及多樣性的內容需求。

現在，隨著尤其是以 ChatGPT 為代表的 AI 技術的興起，網際網路又迎來了一個新的內容生產方式，那就是人工智慧內容生產，即 AIGC。事實上，隨著 AI 技術的發展與完善，其豐富的知識圖譜、自生成以及湧現性的特徵，會在內容的創作為人類帶來前所未有的幫助，比如説明人類提高內容生產的效率，豐富內容生產的多樣性以及提供更加動態且可交互的內容。而人類內容生產的下一個階段也將在 AIGC 的浪潮下隨之改變。

5.2.2　AIGC 重構內容生產法則

事實上，一直以來，在 AI 領域，科學家們都在力爭使 AI 具有處理人類語言的能力，從文學界詞法、語句到篇章進行深入探索，企圖令 AIGC 成為可能。

1962 年，最早的詩歌寫作軟體「Auto-beatnik」誕生於美國。1998 年，「小説家 Brutus」已經能夠在 15 秒內生成一部情節銜接合理的短篇小説。

進入 21 世紀後，機器與人類協同創作的情況更加普遍，各種寫作軟體層出不窮，使用者只需輸入關鍵字就可以獲得系統自動生成的作品。清華大學「九歌電腦詩詞創作系統」和微軟亞洲研究院所研發的「微軟對聯」是其中技術較為成熟的代表。並且，隨著電腦技術和資訊技術的不斷進步，AIGC 的創作水準也日益提高。2016 年，AIGC 生成的短篇小說被日本研究者送上了「星新一文學獎」的舞台，並成功突破評委的篩選、順利入圍，表現出了不遜於人類作家的寫作水準。

2017 年 5 月，「微軟小冰」出版了第一部 AIGC 的詩集《陽光失了玻璃窗》，其中部分詩作在《青年文學》等刊物發表或在網際網路發佈，並宣佈享有作品的著作權和智慧財產權。2019 年，小冰與人類作者共同創作了詩集《花是綠水的沉默》，這也是世界上第一部由智慧型機器和人類共同創作的文學作品。

尤其值得一提的是，2020 年 6 月 29 日，經上海音樂學院音樂工程系評定，AIGC 微軟小冰和她的人類同學們，上音音樂工程系音樂科技專業畢業生一起畢業，並授予微軟小冰上海音樂學院音樂工程系 2020 屆「榮譽畢業生」稱號。

可見，AIGC 作為內容生產的一種全新生成方式，不同於一般對人類智慧的單一模仿，而呈現出人機協同不斷深入、作品品質不斷提高的蓬勃局面。而 AIGC 的創作實踐也在客觀上推動了既有的藝術生產方式發生改變，為新的藝術形態做出了技術上和實踐上的必要鋪墊。

　　一方面，AIGC 作為一種新的技術工具和藝術創作的媒介，革新了藝術創作的理念，為當代藝術實踐注入了新的發展活力。對於非人格化的智慧型機器來說，「快筆小新」能夠在 3-5 秒內完成人類需要花費 15-30 分鐘才能完成的新聞稿件，「九歌」可以在幾秒內生成七言律詩、藏頭詩或五言絕句。顯然，AIGC 擁有的無限儲存空間和永不衰竭的創作熱情，並且隨著語料庫的無限擴容而孜孜不倦地學習能力，都是人腦儲存、學習與創作精力的有限無可比擬的。

　　另一方面，AIGC 在與人類作者協同生成文字的過程中打破了創作主體的邊界，成為未來人格化程度更高的機器作者的先導。比如，對於微軟小冰，研發者宣稱它不僅具備深度學習基礎上的識圖辨音能力和強大的創造力，還擁有 EQ，與此前幾十年內技術中間形態的機器早已存在本質差異。正如小冰在詩歌中作出的自我陳述：「在這世界，我有美的意義。」

　　而來自斯坦福大學商學院組織行為學專業的副教授 Michal Kosinski，針對於 ChatGPT 的一項最新研究所得出的結論更是引發了關注，這篇論文名為《心智理論可能在大語言模型中自發出現》（Theory of Mind May Have Spontaneously Emerged in Large Language Models）。Michal Kosinski 擁有劍橋大學心理學博士學位，心理測驗學和社會心理學碩士學位。

　　在當前職位之前，他曾在斯坦福大學電腦系進行博士後學習，擔任過劍橋大學心理測驗中心的副主任，以及微軟研究機器學習小組的研究員。而 Michal Kosinski 研究所得出的結論認為：「原本認為是人類獨有的心智理論（Theory of Mind，ToM），已經出現在 ChatGPT 背後的 AI 模

型上。」而所謂的心智理論，就是理解他人或自己心理狀態的能力，包括同理心、情緒、意圖等。

在針對於 ChatGPT 是否具有心智的這項研究中，作者依據心智理論相關研究，給 GPT3.5 在內的 9 個 GPT 模型做了兩個經典測試，並將它們的能力進行了對比。

這兩大任務是判斷人類是否具備心智理論的通用測試，例如有研究表明，患有自閉症的兒童通常難以通過這類測試。第一個測試名為 Smarties Task（又名 Unexpected contents，意外內容測試），主要是測試 AI 對意料之外事情的判斷力。第二個是 Sally-Anne 測試（又名 Unexpected Transfer，意外轉移任務），測試 AI 預估他人想法的能力。

而在第一個測試中，在整體的「意外內容」測試問答上，GPT-3.5 成功回答出了 20 個問題中的 17 個，準確率達到了 85%。而在第二個測試，也就是針對這類「意外轉移」測試任務，GPT-3.5 回答的準確率達到了 100%，很好地完成了 20 個任務。透過這項研究，研究人員所得出的結論為：

davinci-002 版本的 GPT3（ChatGPT 由它優化而來），已經可以解決 70% 的心智理論任務，相當於 7 歲兒童；

至於 GPT3.5（davinci-003），也就是 ChatGPT 的同源模型，更是解決了 93% 的任務，心智相當於 9 歲兒童；

然而，在 2022 年之前的 GPT 系列模型身上，還沒有發現解決這類任務的能力。也就是說，它們的心智確實是「進化」而來的。

當然這項研究的結論也引起了爭議，一些人員認為 ChatGPT 當前儘管通過了人類的心智測試，但其所具有的「心智」並非真正意義上的人類的智慧、情感心智。但不論我們人類是否承認 ChatGPT 所表現出來的「心智」能力，至少可以讓我們看到，人工智慧離擁有真正的「心智」已經不遠。

5.2.3　ChatGPT 賦能百業

ChatGPT 是當前最具代表性的 AIGC 產品，隨著 ChatGPT 持續升溫，ChatGPT 正在嵌合進各個內容生產行業。

比如，傳媒方面，ChatGPT 可以幫助新聞媒體工作者智慧生成報導，將部分勞動性的採編工作自動化，更快、更準確、更智慧地生成內容，提升新聞的時效性。事實上，這一 AI 應用早已有之，2014 年 3 月，美國洛杉磯時報網站的機器人記者 Quakebot，在洛杉磯地震後僅 3 分鐘，就寫出相關資訊並進行發佈。美聯社使用的智慧寫稿平台 Wordsmith 可以每秒寫出 2000 篇報導。中國地震網的寫稿機器人在九寨溝地震發生後 7 秒內就完成了相關資訊的編發。第一財經「DT 稿王」一分鐘可寫出 1680 字。不過，ChatGPT 的出現也進一步推動了 AI 與傳媒的融合。

影視方面，ChatGPT 可以根據大眾的興趣身定制影視內容，從而更有可能吸引大眾的注意力，獲得更好的收視率、票房和口碑。 一方面，ChatGPT 可以為劇本創作提供新思路，創作者可根據 ChatGPT 的生成內容再進行篩選和二次加工，從而激發創作者的靈感，開拓創作思路，縮短創作週期。另一方面，ChatGPT 有著降本增效的優勢，可以有效幫助影視製作團隊降低在內容創作上的成本，提高內容創作的效率，在更短的時間內製作出更高品質的影視內容。

2016 年，紐約大學利用人工智慧編寫劇本《Sunspring》，經拍攝製作後入圍倫敦科幻電影 48 小時前十強。中國海馬輕帆科技公司推出的「小說轉劇本」智慧寫作功能，就服務了包括《你好，李煥英》《流浪地球》等爆款作品在內的劇集劇本 30000 多集、電影 / 網路電影劇本 8000 多部、網路小說超過 500 萬部。並且，2020 年，美國查普曼大學的學生還利用 ChatGPT 的上一代 GPT-3 模型創作劇本並製作短片《律師》。

行銷方面，ChatGPT 能夠打造虛擬客服，賦能產品銷售。ChatGPT 虛擬客服為客戶提供 24 小時不間斷的產品推薦介紹以及線上服務能力，同時降低了商戶的行銷成本，促進行銷業績快速增長。並且，ChatGPT 虛擬客服能快速瞭解客戶需求和痛點，拉近商戶與消費人群的距離，塑造跟隨科技潮流、年輕化的品牌形象。可以說，在人工客服有限並且素質不齊的情況下，ChatGPT 虛擬客服比人工客服更穩定可靠，虛擬客服展現的品牌形象和服務態度等不僅由商戶掌控，還比人工客服的可控性、安全性更強。

如今，人工智慧對人的智慧性替代仍處於不斷學習、發展的階段，並呈現出領域內的專業化研究趨勢。當人工智慧對人類專業能力的取代後，在實現其跨領域的通用能力時，它毋庸置疑地會成為「類人」的存在，並徹底打開人們對 AIGC 的想像，屆時，AIGC 時代也將真正降臨。

5.3 ChatGPT 進軍醫療，結果如何？

目前，AI 在醫療衛生領域的廣泛應用正形成全球共識，實際上，AI 專案在醫療上已經存在了相當一段時間，AI 輔助診斷、AI 影像輔助決策

等人工智慧手段逐步走進臨床。可以説，人工智慧以獨特的方式捍衛著人類健康福祉。ChatGPT 的出現進一步加速了 AI 在醫療領域的落地，並展現出令人興奮的應用前景。

5.3.1 ChatGPT 比醫生更可靠嗎？

美國執業醫師資格考試以難度大著稱，而美國研究人員測試後卻發現，聊天機器人 ChatGPT 無需經過專門訓練或加強學習就能通過或接近通過這一考試的門檻。

參與這項研究的研究人員主要來自美國醫療保健初創企業安西布林健康公司 (AnsibleHealth)。他們在美國《科學公共圖書館・數字健康》雜誌 9 日刊載的論文中説，他們從美國執業醫師資格考試官網 2022 年 6 月發佈的 376 個考題中篩除基於圖像的問題，讓 ChatGPT 回答剩餘 350 道題。這些題類型多樣，既有要求考生依據已有資訊給患者下診斷這樣的開放式問題，也有諸如判斷病因之類的選擇題。兩名評審人員負責閱卷打分。

結果顯示，在三個考試部分，去除模糊不清的回答後，ChatGPT 得分率在 52.4% 至 75% 之間，而得分率 60% 左右即可視為通過考試。其中，ChatGPT 有 88.9% 的主觀回答包括「至少一個重要的見解」，即見解較新穎、臨床上有效且並非人人能看出來。研究人員認為，「在這個出了名難考的專業考試中達到及格分數，且在沒有任何人為強化（訓練）的前提下做到這一點」，這是人工智慧在臨床醫學應用方面「值得注意的一件大事」，顯示「大型語言模型可能有輔助醫學教育、甚至臨床決策的潛力」。

除了通過醫考外，ChatGPT 的問診水準也得到了業界的肯定。《美國醫學會雜誌》（JAMA）發表研究性簡報，針對以 ChatGPT 為代表的線上對話人工智慧模型在心血管疾病預防建議方面的使用合理性進行探討，表示 ChatGPT 具有輔助臨床工作的潛力，有助於加強患者教育，減少醫生與患者溝通的壁壘和成本。

過程中，根據現行指南對 CVD 三級預防保健建議和臨床醫生治療經驗，研究人員設立了 25 個具體問題，涉及到疾病預防概念、風險因素諮詢、檢查結果和用藥諮詢等。每個問題均向 ChatGPT 提問 3 次，記錄每次的回覆內容。每個問題的 3 次回答都由 1 名評審員進行評定，評定結果分為合理、不合理或不可靠，3 次回答中只要有 1 次回答有明顯醫學錯誤，可直接判斷為「不合理」。

結果顯示，ChatGPT 的合理概率為 84%（21/25）。僅從這 25 個問題的回答來看，線上對話人工智慧模型回答 CVD 預防問題的結果較好，具有輔助臨床工作的潛力，有助於加強患者教育，減少醫生與患者溝通的壁壘和成本。

其實，在全球範圍內，醫生工作的很大一部分時間都用在了各式各樣的文書工作和行政任務上，這擠壓了醫生能夠與患者進行更重要的病情診斷和溝通的時間。在 2018 年美國的一項調研中，70% 的醫生表示，他們每週在文書工作和行政任務上花費 10 個小時以上，其中近三分之一的人花費了 20 個小時或更長時間。

英國知名的聖瑪麗醫院的兩名醫生 2 月 6 日發表在《柳葉刀》上的評述文章指出，醫療保健是一個具有很大的標準化空間的行業，特別是在文件方面。我們應該對這些技術進步做出反應。 其中，「出院小結」

就被認為是 ChatGPT 一個很典型的應用，因為它們在很大程度上是標準化的格式。ChatGPT 在醫生輸入特定資訊的簡要說明、需詳細說明的概念和要解釋的醫囑後，在幾秒鐘內即可輸出正式的出院摘要。這一過程的自動化可以減輕低年資醫生的工作負擔，讓他們有更多時間為患者提供服務。

當然，對於醫療行業來說，目前的 ChatGPT 還不足夠完美，也有 BUG 存在──它存在提供的資訊不準確、有虛構和偏見等問題，使得其在這個專業門檻很高的行業中應用時應該更加審慎。但無論如何，ChatGPT 都已經打開了一個全新的 AI 醫療應用階段。這一方面讓我們看到網際網路醫療的時代將會被加速開啟，我們可以藉助於 ChatGPT 來實現線上問診。並且基於強大的診療資料庫，以及龐大的最新的醫學知識的訓練，ChatGPT 可以做到比一般醫生更為專業、客觀的診斷建議。並且可以實現即時的多用戶同步診斷。

比如，在 2022 年召開的第 17 屆歐洲克羅恩病及結腸炎組織年會（ECCO 2022）上，關於內鏡和組織病理學的討論議題中。來自世界各地的醫學專家不僅將內鏡、組織學之間的關係再次進行了探索和闡明，這次會議更重要的影響在於會議提出了在醫學 + 人工智慧（AI）的趨勢下，AI 判讀內鏡和組織學的科研成為了重要的發展方向。在這次會議上，法國的醫學專家 Laurent Peyrin-Biroulet 就介紹了一項使用人工智慧判讀 UC 組織學疾病活動的研究。

這項研究使用法國 Vandoeuvre-lès-Nancy 醫院資料庫的 200 張 UC 患者的組織學圖像，將其錄入能夠自行判讀組織學進展並計算 NANCY 指數（該指數是經過驗證的組織學指數，由「潰瘍、急性炎症細胞浸潤

和慢性炎症細胞浸潤」3 個組織學項目組成，定義了 5 個疾病活動等級
「0 ～ 4 級」）的 AI 系統。簡單的來理解就是醫院使用了 200 張 UC 患者
的片子，然後結合他們所開發的人工智慧讀片系統進行診斷。然後再將
系統的判讀結果與我們人類醫生，也就是 3 名組織病理專家的判讀結果
相對照（使用組內相關係數，即 ICC），以瞭解與驗證 AI 判讀用於 UC
診療的可行性。

　　對照結果顯示，3 名組織病理學家之間的平均 ICC 為 89.33，而人
工判讀與 AI 判讀之間的平均 ICC 為 87.20。從對比結果來看，AI 判讀結
果與人工判讀結果相當接近，結果對比如下圖所示。而這只是基於一個
小樣本量所訓練出來的 AI 讀片系統，而 AI 系統只要給予更多的樣本量
進行訓練，其判讀的準確率將遠超我們人類專家的判讀水準，並且在判
讀的效率層面更是遠超我們人類的專家。

Table 1. Accuracy of the artificial intelligence tool

	ICC, %		
	HP1	HP2	HP3
HP2	87.20		
HP3	91.74	89.06	
HP1	85.48	90.66	85.47
Average ICC, %			
Histopathologists	89.33		
AI vs Histopathologists	87.20		

AI, artificial intelligence; IAG, Image Analysis Group; ICC, intraclass correlation coefficient between three histopathologists; HP, histopathologist.

　　再比如，中國著名胸外科專家、中山大學腫瘤防治中心胸科主任、
肺癌首席專家張蘭軍教授，在 2018 年聯合騰訊，應用先進的圖像識別

系統以及神經卷積函數演算法，把肺結節的診斷經驗、良性結節和惡性結節的特徵輸入到機器人系統中，透過資料的不斷增多，不斷訓練機器去準確識別肺結節。當時這個 AI+ 診斷的項目被稱為「覓影」。

這個人工智慧透過訓練之後，隨後張教授組織醫院的正高專家和這些機器人進行比賽，看看人工智慧和人誰更厲害，結果發現：機器人的診斷能力並不遜於專業醫生。這就讓我們看到，機器根據規則，或者說病理的診斷標準進行診斷，不受人為因素影響，所出現的失誤率會遠低於人類醫生。

另外一方面則是讓我們看到 ChatGPT 對醫生行業所帶來的顛覆，並且將非常有效的解決當前醫生醫療水準之間的差異，以及最大程度的解決就醫難的問題。根據世界衛生組織的資料，預計到 2030 年全球將有 1000 萬醫護人員短缺，主要是在低收入國家。《福布斯》雜誌在 2 月 6 日的一篇文章中指出，在全球那些醫療服務匱乏的地區，人工智慧可以擴大人們獲得優質醫療保健的機會。未來，大部分的常規疾病的診斷都將可以由人工智慧醫生所取代。人工智慧對醫療行業所帶來的顛覆已經開始，未來我們會更願意接受人工智慧醫生的診斷，還是更願意接受真實醫生的診斷，或許時間會告訴我們。或許在嚴謹與規則的技術面前，人工智慧比人更可靠。

5.3.2 數位療法指日可待

在今天，如果我們生病需要治療，傳統的治療方式就是以藥物和醫療器械作為主要治療方案。試想有一天，我們去醫院看病，醫生開具的處方卻不是藥物，而是一款軟體，並且囑咐我們「回去記得每天玩 15

分鐘」，這看起來有些難以理解的一幕，在不久的將來或許就會成為診室裡真實發生的事情。帶來這一改變的，就是一項基於數位技術而誕生的新的治療手段——數位療法，而人工智慧將成為推動數位療法進入臨床應用和普及的關鍵。

先來看看什麼是數位療法。2012 年，數位療法的概念就已經在美國流行，根據美國數位療法聯盟的官方定義，數位療法是一種基於軟體、以循證醫學為基礎的干預方案，用以治療、管理或預防疾病。透過數位療法，患者得以循證治療和預防、管理身體、心理和疾病狀況。數位療法可以獨立使用，也可以與藥物、設備或其他療法配合使用。

更簡單來理解，傳統治療中，病人往往根據醫生開具的處方去藥房取藥，數位療法則是將其中的藥物更換為了某款手機軟體，當然，也可能是軟硬體結合的產品。數位療法可能是一款遊戲，也可能是行為指導方案等，其作用機制是透過行為干預，帶來細胞甚至分子生物學層面的變化，進而影響疾病狀況。

舉個例子，如果我們因為慢性失眠問題去看醫生，傳統的治療手段有兩種，一種是醫生開具安定等處方藥物；另一種是需要醫生面對面進行的認知行為治療（CBT-I），不過，這種臨床一線非藥物干預方法受到醫生數量有限、時間和空間的限制，其應用效果不佳。

這個時候，如果醫生開一個數位療法處方，比如，通過美國食藥監局認證的 Somryst ®，相當於把線下認知行為治療搬到了線上，擺脫了醫生和時空的限制，以圖片、文字、動畫、音樂、影片等患者易於理解和接受的方式進行個性化組合治療。Somryst ® 包含一份睡眠日誌和六個指導模組，患者按照順序依次完成六個指導模組的治療，每天記錄睡

眠情況並完成 40 分鐘左右課程。不同的階段有不同的課程，最終，患者透過 9 周的療程養成良好的睡眠習慣。

實際上，數位療法最大的意義並不在於技術的突破，而是革新了藥物的形式，這種形式也更新了人們對疾病的治療手段，帶來了更多更有效治療疾病的方法。精神疾病是數位療法目前應用最為廣泛的領域，針對抑鬱症、注意力不足過動症、老年認知障礙、精神分裂症等，應用數位療法都有很好的效果。而在應用過程中，AI 則扮演著關鍵作用。

具體來看，在醫學領域中，沒有任何可靠的生物標記可以用來診斷精神疾病。精神病學家們想找出發現思想消極的捷徑卻總是得不到結果，這使許多精神病學的發展停滯不前。它讓精神疾病的診斷變得緩慢、困難並且主觀，阻止了研究人員理解各種精神疾病的真正本質和原因，也研究不出更好的治療方法。但這樣的困境並不絕對，事實上，精神科醫生診斷所依據的患者語言給精神病的診斷突破提供了重要的線索。

1908 年，瑞士精神病學家歐根‧布盧勒宣佈了他和同事們正在研究的一種疾病的名稱：精神分裂症。他注意到這種疾病的症狀是如何「在語言中表現出來的」，但是他補充説，「這種異常不在於語言本身，而在於它表達的東西。」布盧勒是最早關注精神分裂症「陰性」症狀的學者之一，也就是健康的人身上不會出現的症狀。這些症狀不如所謂的「陽性」症狀那麼明顯，陽性症狀表明出現了額外的症狀，比如幻覺。最常見的負面症狀之一是口吃或語言障礙。患者會儘量少説，經常使用模糊的、重複的、刻板的短語。這就是精神病學家所説的低語義密度。

低語義密度是患者可能患有精神病風險的一個警示訊號。有些研究項目表明，患有精神病的高風險人群一般很少使用「我的」、「他的」或

「我們的」等所有格代詞。基於此，研究人員把對於精神疾病的診斷突破轉向了機器對語義的識別。

而今天，網際網路已經深度融入社會和人們的生活，無處不在的智慧手機和社交媒體讓人們的語言從未像現在這樣容易被記錄、數位化和分析。ChatGPT 如果能夠對人們的語言選擇、睡眠模式到給朋友打電話的頻率的資料進行深入分析，就能夠更密切和持續地測量患者日常生活中的各種生物特徵資訊，如情緒、活動、心率和睡眠，並將這些資訊與臨床症狀聯繫起來，從而改善臨床實踐。

另一個具體的例子來自研究人員對 ChatGPT 診斷阿爾茨海默症（AD）的研究。2022 年 12 月 22 日，來自美國德雷塞爾大學的兩名學者在 PLOS Digital Health 上發表的一篇論文，論文中，研究人員將 ChatGPT 用於診斷阿爾茨海默病。 作為癡呆症中最常見的一種，阿爾茨海默病（AD）是一種退行性中樞神經系統疾病，多年來科學家們一直在研發抗 AD 的特效藥，但目前進展很有限。

目前診斷 AD 的做法通常包括病史回顧和冗長的身體和神經系統評估和測試。 由於 60% ～ 80% 的癡呆症患者都有語言障礙，研究人員一直在關注那些能夠捕捉細微語言線索的應用，包括識別猶豫、語法和發音錯誤以及忘記詞語等，將其作為篩查早期 AD 的一種快捷、低成本的手段。德雷塞爾大學發表的這項研究發現，OpenAI 的 GPT-3 程式，可以從自發語音中識別線索，預測癡呆症早期階段的準確率達到 80%。 人工智慧可以用作有效的決策支援系統，為醫生提供有價值的資料以用於診斷和治療。人眼可能會錯過 CT 掃描中的微小異常，但經過訓練的 AI 卻能追蹤最小的細節。畢竟每個醫生的記憶都有限，無論如何也比不過電腦的強大儲存。

5.3.3 ChatGPT 能煉藥嗎？

除了在就醫問診、數位療法等方面發揮作用，ChatGPT 還有望推動著疾病與藥物研究的革新，事實上，這也是 ChatGPT 優勢所在。

製藥業是危險與迷人並存的行業，昂貴且漫長。通常，一款藥物的研發可以分為藥物發現和臨床研究兩個階段。

在藥物發現階段，需要科學家先建立疾病假說，發現靶點，設計化合物，再是展開臨床前研究。而傳統藥企在藥物研發過程中則必須進行大量模擬測試，研發週期長、成本高、成功率低。根據《自然》資料，一款新藥的研發成本大約是 26 億美元，耗時約 10 年，而成功率則不到十分之一。其中，僅發現靶點、設計化合物環節，就障礙重重，包括苗頭化合物篩選、先導化合物優化、候選化合物的確定、合成等，每一步都面臨較高的淘汰率。

發現靶點方面，所謂識別靶點，也就是藥物在體內的結合位置，而對於傳統藥物研發來說，發現靶點往往需要透過不斷的實驗篩選，從幾百個分子中尋找有治療效果的化學分子。此外，人類思維有一定趨同性，針對同一個靶點的新藥，有時難免結構相近、甚至引發專利訴訟。最後，一種藥物，可能需要對成千上萬種化合物進行篩選，即便這樣，也僅有幾種能順利進入最後的研發環節。從 1980 年到 2006 年，儘管每年的投資高達 300 多億美元，但是平均而言研究人員每年仍然只能找到 5 種新藥。其中關鍵的問題就在於發現靶點的複雜性。

要知道，多數潛在藥物的靶點都是蛋白質，而蛋白質的結構，即 2D 氨基酸序列折疊成 3D 蛋白質的方式決定了它的功能。一個只有 100

個氨基酸的蛋白質，已經是一個非常小的蛋白質了，但就是這麼小的蛋白質，可以產生的可能形狀的種類依然是一個天文數字。這也正是蛋白質折疊一直被認為是一個即使大型超級電腦也無法解決的難題的原因。

然而，人工智慧卻可以透過挖掘大量的資料集來確定蛋白質城基對與它們的化學鍵的角之間的可能距離——這是蛋白質折疊的基礎。

生命科學領域非常著名的風投機構 Flagship Pioneering 因孵化出 Moderna 公司而譽滿天下，其創始人、MIT 生物工程專業博士努巴爾·阿費揚（Noubar Afeyan）在對 2023 年的展望中就寫道，人工智慧將在本世紀改變生物學，就像生物資訊學在上個世紀改變生物學一樣。

努巴爾·阿費揚指出，機器學習模型、計算能力和資料可用性的進步，讓以前懸而未決的巨大挑戰正在被解決，並為開發新的蛋白質和其他生物分子創造了機會。2023 年，他的團隊在 Generate Biomedicines 上發表的成果就表明，這些新工具能夠預測、設計並最終生成全新的蛋白質，其結構和折疊模式經過逆向工程，來編碼實現所需的藥用功能。

當藥物研發經歷藥物發現階段，成功進入臨床研究階段時，也就進入了整個藥物批准程式中最耗時且成本最高的階段。臨床試驗分為多階段進行，包括臨床 I 期（安全性），臨床 II 期（有效性），和臨床 III 期（大規模的安全性和有效性）的測試。傳統的臨床試驗中，招募患者成本很高，資訊不對稱是需要解決的首要問題。CB Insights 的一項調查顯示，臨床試驗延後的最大原因來自人員招募環節，約有 80% 的試驗無法按時找到理想的試藥志願者。但這一問題對於人工智慧卻輕而易舉，比如，人工智慧可以利用技術手段從患者醫療記錄中提取有效資訊，並與正在進行的臨床研究進行匹配，從而很大程度上簡化了招募過程。

　　對於實驗的過程中往往存在患者服藥依從性無法監測等問題，人工智慧技術可以實現對患者的持續性監測，比如利用感測器追蹤藥物攝入情況、用圖像和面部識別追蹤病人服藥依從性。Apple 公司就曾推出了開源框架 ResearchKit 和 CareKit，不僅可以幫助臨床試驗招募患者，還可以說明研究人員利用應用程式遠端監控患者的健康狀況、日常生活等。

　　整體來說，雖然 ChatGPT 不是完美的，依然還有 Bug 存在，但仍然不可否認 ChatGPT 具有的顛覆性力量，基於龐大的資料進行學習的 ChatGPT 已經有不輸於人類的學習能力。假以時日，ChatGPT 可能就可以幫助醫生們進行輔助臨床工作，加強患者教育，進一步推動數位療法的發展，以及幫助研發新藥。尤其對於靶向藥物的開發，將會因為人工智慧技術的介入而大幅提速，並且會大幅降低成本。而未來，雖然 ChatGPT 不一定會徹底替代醫生，但未來的醫療，也一定會是人機協同的醫療。

5.4 ChatGPT 要搶律師的飯碗？

　　進入 2023 年，ChatGPT 正與現實場景的應用緊密結合，對各行各業產生巨大的衝擊和影響。其中，即便是法律這種人類社會的塔尖職業，也經歷了 ChatGPT 的衝擊，當前，ChatGPT 對律師執業以及法官司法的影響正在徐徐展開。可以說，一場法律界的技術革新正在到來。

5.4.1　AI 走進法律行業

　　一直以來，律師都被認為屬於社會中的「精英」職業，具有較強的專業性，且處理的案件和問題也較為複雜。並且，律師所參與的訴訟過程會直接影響法庭的判罰結果，這就導致律師在法律案件中的作用顯得尤為重要。但就是在這樣的「精英」、專業和重要背後，律師往往也面臨著繁雜的工作與沉重的壓力。正如網路流傳所言「律師這個職業，就是拿時間換錢」——996 的節奏，不光是程式設計師的常態，律師也同樣如此。

　　律師通常分訴訟律師和非訴律師。簡單來說，訴訟律師就是接受當事人的委託幫其打官司，而除了在法庭辯護外，訴訟律師的前期工作內容還包括閱讀卷宗、撰狀、搜集證據、研究法律資料等。一些大案件的卷宗可能就要達幾十上百個。非訴律師則基本不出庭，負責核查各種資料，進行各種文書修改，工作成果就是各種文案和法律意見書、協議書。可以說，不論是訴訟律師，還是非訴律師，其很大一部分時間都是伏案工作，與海量的檔案、資料、契約打交道。而法律的嚴謹性，同時要求律師們不得有半點疏忽。但就是這種這種大同小異的工作模式，重複的機械式工作，卻是 AI 的對口優勢。

　　實際上 AI 和法律的結合，最早可以追溯到 20 世紀 80 年代中期起步的專家系統。專家系統在法律中的第一次實際應用，是 D. 沃特曼和 M. 皮特森 1981 年開發的法律判決輔助系統（LDS）。當時，研究人員將其當作法律適用的實踐工具，對美國民法制度的某個方面進行檢測，運用嚴格責任、相對疏忽和損害賠償等模型，計算出責任案件的賠償價值，成功將 AI 的發展帶入了法律的行業。

自此，法律專家系統在法規和判例的輔助檢索方面開始發揮重要作用，解放了律師一部分腦力勞動。顯然，浩如煙海的案卷如果沒有電腦編纂、分類、查詢，將耗費律師們大量的精力和時間。

並且，由於人腦的認識和記憶能力有限，還存在著檢索不全面、記憶不準確的問題。AI 法律系統卻擁有強大的記憶和檢索功能，可以彌補人類智慧的某些侷限性，幫助律師和法官從事相對簡單的法律檢索工作，從而極大地解放律師和法官的腦力勞動，使其能夠集中精力從事更加複雜的法律推理活動。

在法律諮詢方面，早在 2016 年，首個機器人律師 Ross 已經實現了對於客戶提出的法律問題立即給出相應的回答，為客戶提供個性化的服務。Ross 解決問題的思路和執業律師通常回答法律問題的思路相一致，即先對問題本身進行理解，拆解成法律問題；進行法律檢索，在法律條文和相關案例中找出與問題相關的材料；最後總結知識和經驗回答問題，提出解決方案。與人類律師相區別的是，人類律師往往需要花費大量的精力和時間尋找相應的條文和案例，而人工智慧諮詢系統只要在較短時間內就可以完成。

在契約起草和審核服務方面，AI 能夠透過對海量真實契約的學習而掌握了生成高度精細複雜並適合具體情境的契約的能力，其根據不同的情境將契約的條款進行組裝，可以為當事人提供基本契約和法律文書的起草服務。以買賣契約為例，只要回答人工智慧程式的一系列問題，如標的物、價款、交付地點、方式以及風險轉移等，一份完整的買賣契約初稿就會被人工智慧「組裝」完成，它起草的契約甚至可能會更勝於許多有經驗的法律顧問的結果。

5.4.2　ChatGPT 通過司法考試

　　AI 走進法律行業已經是板上釘釘的現實，而 ChatGPT 的出現，則讓人們再一次感慨於 AI 技術的快速發展，現在，ChatGPT 甚至已經通過了司法考試，AI 律師，幾乎已經指日可待。

　　具體來看，美國大多數州統一的司法考試（UBE），有三個組成部分：選擇題（多州律師考試，MBE）、作文（MEE）、情景表現（MPT）。選擇題部分，由來自 8 個類別的 200 道題組成，通常占整個律師考試分數的 50%。基於此，研究人員對 OpenAI 的 text-davinci-003 模型（通常被稱為 GPT-3.5，ChatGPT 正是 GPT-3.5 面向公眾的聊天機器人版本）在 MBE 的表現進行評估。

　　為了測試實際效果，研究人員購買了官方組織提供的標準考試準備材料，包括練習題和模擬考試。每個問題的正文都是自動提取的，其中有四個多選選項，並與答案分開儲存，答案僅由每個問題的正確字母答案組成，也沒有對正確和錯誤的答案進行解釋。隨後，研究人員分別對 GPT-3.5 進行了提示工程、超參數優化以及微調的嘗試。結果發現，超參數優化和提示工程對 GPT-3.5 的成績表現有積極影響，而微調則沒有效果。

　　最終，在完整的 MBE 練習考試中達到了 50.3% 的平均正確率，大幅超過了 25% 的基線猜測率，並且在證據和侵權行為兩個類型都達到了平均通過率。尤其是證據類別，與人類水準持平，保持著 63% 的準確率。在所有類別中，GPT 平均落後於人類應試者約 17%。在證據、侵權行為和民事訴訟的情況下，這一差距可以忽略不計或只有個位

數。但整體來説，這一結果都大幅超出了研究人員的預期。這也證實了 ChatGPT 對法律領域的一般理解，而非隨機猜測。

不僅如此，在佛羅里達農工大學法學院的入學考試中，ChatGPT 也取得了 149 分，排名在前 40%。其中閱讀理解類題目表現最好。

可以説，當前，ChatGPT 雖然並不能完全取代人類律師，以 ChatGPT 為代表的 AI 正在快速進軍法律行業。科技成果被廣泛應用到法律服務中已經成為不爭的事實，AI 技術證字啊深刻影響著法律服務業和法律服務市場的未來走向。

一方面，從「有益」的角度考量，ChatGPT 用得好，律師下班早。在可預期的時間內，伴隨著 ChatGPT 被持續性地餵養大量的法律行業的專業資料，針對簡要的法律服務工作，ChatGPT 將完全可以應對自如。如果律師需要檢索案例或法條，只需要將關鍵字輸入 ChatGPT，就可以立馬獲得想要的法條和案例；對於基礎契約的審查，可以讓 ChatGPT 提出初步意見，然後律師再進一步細化和修改；如果需要進行案件中的金額計算，比如交通事故、人身損害的賠償，ChatGPT 也可以迅速的給出資料；此外，對於需要校對和翻譯文字、檔案分類、製作視覺化圖表、撰寫簡要的格式化文書，ChatGPT 也可以輕鬆勝任。

也就是説，在法律領域，ChatGPT 完全可以演化成「智慧律師助手」，幫助律師分析大量的法律檔和案例，提供智慧化的法律建議和指導；可以變成「法律問答機器人」，回答法律問題並提供相關的法律資訊和建議。ChatGPT 還可以進行契約審核、輔助訴訟、分析法律資料等等，提高法律工作者的效率和準確性。

另一方面，我們需要面對的是，當普通法律服務能夠被人工智慧所替代時，相應定位的律師就會慢慢地退出市場，這必然會對一部分律師的存在價值和功能定位造成衝擊。顯然，與人類律師相比，AI 律師的工作更為高速有效，而它所要付出的勞動成本卻較少，因此，它的收費標準或將相對降低。

未來，隨著 ChatGPT 的介入，法律服務市場的供求資訊更加透明，線上法律服務產品的運作過程、收費標準等更加開放，換言之，AI 在提供法律服務時所具有的便捷性、透明性、可操控性等特徵，將會成為吸引客戶的優勢。在這樣的情況下，律師的業務拓展機會、個人成長速度、專業護城河的建構都會受到非常大的影響。

要知道，傳統的律師服務業是一個「以人為本」的行業，服務主體和服務物件是以人為主體。當 AI 在律師服務中主導一些簡單案件的解決時，律師服務市場將會形成服務主體多元化的現象，人類律師的工作和功能將被重新定義和評價，法律服務市場的商業模式也會發生改變。

而對於司法這樣一個規則性與標準性非常清晰的領域，未來基於人工智慧的司法體系將會更加有效的保障法治的公平、公正性，人工智慧法官在不久的將來將會成為可能。

5.5 教育界，如何迎接 ChatGPT 狂潮？

在 ChatGPT 即將改變和顛覆的許多行業中，教育也是其中廣受關注的一個行業。人類總是藉助於工具認識世界，工具的發明創新推動著人類歷史的進步，同樣，教育手段方法的變革創新也推動著教育的進步與發展。

5.5.1　能用 ChatGPT 來寫作業嗎？

事實上，人工智慧改變教育，是一個必然且正在發生的事實。在 ChatGPT 之前，已經有很多 AI 產品在教育中發揮作用。比如，在幼教、高等教育、職業教育等各類教育，AI 已經應用在拍照搜題、分層排課、口語測評、組卷閱卷、作文批改、作業佈置等場景中。

ChatGPT 的爆發則進一步衝擊了當前的教育。其中，一個最直接的表現是，學生們開始用 ChatGPT 完成作業。

斯坦福大學校園媒體《斯坦福日報》的一項匿名調查顯示，大約 17% 的受訪斯坦福學生（4497 名）表示，使用過 ChatGPT 來協助他們完成秋季作業和考試。斯坦福大學發言人迪·繆斯特菲（Dee Mostofi）表示，該校司法事務委員會一直在監控新興的人工智慧工具，並將討論它們如何與該校的榮譽準則相關聯。

線上課程供應商 Study.com 面向全球 1000 名 18 歲以上學生的一項調查顯示，每 10 個學生中就有超過 9 個知道 ChatGPT，超過 89% 的學生使用 ChatGPT 來完成家庭作業，48% 的學生用 ChatGPT 完成小測驗，53% 的學生用 ChatGPT 寫論文，22% 的學生用 ChatGPT 生成論文大綱。

ChatGPT 的突然到來，讓全球教育界都警惕起來。為此，美國一些地區的學校不得不全面禁止了 ChatGPT，還有人開發了專門的軟體來查驗學生遞交的文字作業是否是由 AI 完成的。紐約市教育部門發言人認為，該工具「不會培養批判性思維和解決問題的能力」。

哲學家、語言學家艾弗拉姆‧諾姆‧喬姆斯基（Avram Noam Chomsky）更是表示，ChatGPT 本質上是「高科技剽竊」和「避免學習的一種方式」。喬姆斯基認為，學生本能地使用高科技來逃避學習是「教育系統失敗的標誌」。

當然，在高舉反對大旗的同時，也有不同的聲音以及對此的反思。比如，復旦大學教師的趙斌老師對 ChatGPT 的態度就是「打不過就加入」，趙斌老師表示，ChatGPT 會變成他教學中一個非常重要的工具。今年新學期的頭幾節課，他就會告訴學生，我們來學習 ChatGPT。根據趙斌老師的初步想法，學生看完了這節課之後，就跟 ChatGPT 對話，去瞭解一些新的東西，再把內容整理出來，最後提交一個作業。正如趙斌老師所言：「因為我現在更關注的是，學生提問題的能力，也就是他們上完課之後，將會對機器提什麼樣的問題，想去瞭解什麼樣的知識，這才是我的重點。」

事實上，任何一項新技術，尤其是革命性的技術出現，都會引發爭論。比如汽車的出現，曾經就引發了馬車夫的強烈反對。而客觀來看，人工智慧時代是一種必然的趨勢，只是 ChatGPT 讓我們想像中的人工智慧時代離我們更近了。在我們很多人還沒有準備好迎接的情況下，一下子就來了，並且能夠真正的幫助我們處理一下工作了，不僅是能幫助我們處理工作，還能處理的比我們人類更好。這必然會引發一些人反對。但是不論我們是反對，還是我們選擇擁抱，最終都不能改變人工智慧時代的到來。

對於教育領域而言，我們根本不需要擔心 ChatGPT 是不是能夠說明學生寫作業，或者是能不能夠幫助學生寫論文這種事情。尤其是對於

應試教育而言，如果只是將孩子培養成知識庫與解題機，那麼我們跟人工智慧這種基於大數據資料庫競爭就完全是一種錯誤。

很顯然，擁抱 ChatGPT，並且在教學中讓其成為學生知識獲取的輔助工具，這能在最大的程度上解放教師的填鴨式與照本宣科式的教學工作量，而讓老師有更多的時間思考如何進行啟發式與創新思維的培養。面對人工智慧時代，如果我們繼續抱著標準化試題、標準化答案的方式進行教育訓練，我們就會成為第一次工業革命時代的那群馬車夫。

5.5.2　ChatGPT 會代替老師嗎？

ChatGPT 對於教育領域的衝擊，也讓「教師會被 ChatGPT 取代嗎」這個問題成為社會熱議的問題，甚至登上的微博的熱搜。

其實這個問要兩面看，關鍵取決於我們對教師的定義。尤其是在人工智慧時代，當知識的獲取不再是一件困難與稀缺的事情，那麼傳統知識灌輸型的教學方式，只是教授知識性的內容，照本宣科式的內容，這類教學工作被人工智慧取代是正常且必然到來的事情。就單一知識灌輸型層面而言，在相關的知識面與教授方法方面，人工智慧透過最佳的資料訓練，可以比大部分的教師做的更好。

更重要的是，人工智慧不僅教的好，學的也好。中國學生是全世界公認的最會考試的學生。這也是學生、老師、家長三方用絕對時間的投入所換來的。中國學生掌握的知識量大、面廣，基礎知識扎實，這在過去算得上是優勢，但面對 ChatGPT 的到來，這一優勢卻顯得愈發尷尬。

早在 2017 年，國務院參事、清華大學經濟管理學院院長錢穎一就指出：中國教育的最大問題，是我們對教育從認知到實踐都存在一種系統性的偏差，即我們把教育等同於知識，並侷限在知識上。知識就幾乎成了教育的全部內容。他提出了擔憂：「一個很可能發生的情況是：未來的人工智慧會讓我們的教育制度下培養學生的優勢蕩然無存。」而現在，就是這個優勢正在消失的尷尬時點。今天，所謂知識全面性的優勢將輕鬆被 ChatGPT 替代，ChatGPT 不僅會寫作文，做算術題，回答論述題，更可怕的是，它是一個快速學習與進化中的數位大腦。

但如果我們將教師的工作重新進行定義，側重於教授啟發式，以培養與挖掘人類特有的想像力、創造力、靈感等方面為主要的教學工作，那麼人工智慧就相對比較難取代。在人工智慧時代，我們與機器的競爭一定不是在知識層面，而是在我們人類獨有的想像力、創造力與創新力層面。

換言之，我們當下的教育真正要做的是圍繞著我們人類獨有的那些特性，就是人類的創造力、想像力、靈感，只有發揮人類這些獨有的特性，才能讓我們在人工智慧時代讓人工智慧成為我們人類實現夢想的助手，而不是讓我們人類成為人工智慧訓練下的助手。

因此，ChatGPT 是否取代教師的討論沒有實質性意義，關鍵還在於我們人類自身的選擇。而人工智慧時代的到來，也讓我們看到了當前中國教育改革的急迫性。

5.5.3 向學術界發起衝擊

除了影響傳統的教育領域外，ChatGPT 之風還波及到了研究和學術領域。

一周時間內，國際頂刊 Nature 連發兩篇文章討論 ChatGPT 及生成式 AI 對於學術領域的影響。Nature 表示，由於任何作者都承擔著對所發表作品的責任，而人工智慧工具無法做到這點，因此任何人工智慧工具都不會被接受為研究論文的署名作者。文章同時指出，如果研究人員使用了有關程式，應該在方法或致謝部分加以說明。

Science 則直接禁止投稿使用 ChatGPT 生成文字。1 月 26 日，《科學》透過社論宣佈，正在更新編輯規則，強調不能在作品中使用由 ChatGPT（或任何其他人工智慧工具）所生成的文字、數位、圖像或圖形。社論特別強調，人工智慧程式不能成為作者。如有違反，將構成科學不端行為。

但趨勢已擺在眼前，一個不可否認的事實是，AI 確實能提升學術圈的效率。

一方面，ChatGPT 可以提高學術研究基礎資料的檢索和整合效率，比如一些審查工作，AI 可以快速搞定，而研究人員就能更加專注於實驗本身。事實上，ChatGPT 已經成為了許多學者的數位助手，計算生物學家 Casey Greene 等人，就用 ChatGPT 來修改論文。5 分鐘，ChatGPT 就能審查完一份手稿，甚至連參考文獻部分的問題也能發現。還有神經生物學家 Almira Osmanovic Thunström 覺得，語言大模型可以被用來幫學者們寫經費申請，科學家們能節省更多時間出來。另一方面，

ChatGPT 在現階段僅能做有限的資訊整合和寫作，但無法代替深度、原創性的研究。因此，ChatGPT 可以反向激勵學術研究者展開更有深度的研究。

面對 ChatGPT 在學術領域發起的衝擊，我們不得不承認的一個事實是，在人類世界當中，有很多工作是無效的。比如，當我們無法辨別文章是機器寫的還是人寫的時候，說明這些文章已經沒有存在的價值了。而現在，ChatGPT 正是推動學術界進行改變創新的推動力，ChatGPT 能夠瓦解那些形式主義的文字，包括各種報告、大多數的論文，人類也能夠藉由 ChatGPT 創造出真正有價值和貢獻的研究。

ChatGPT 或將引發學術界的變革，促使研究人員投入更加多的時間真正的進行有思想性、建設性的學術研究，而不是格式論文的搬抄寫作。

5.6 ChatGPT 下的新零售狂飆

自 2016 年新零售概念誕生以來，幾年時間裡，各種專案如雨後春筍般湧現。實際上，新零售誕生背後，正是基於技術的推動。現在，ChatGPT 作為當前人工智慧技術的巨大突破，對新零售行業也表現出了非凡的可想像空間。

5.6.1 新零售背後的技術支援

回顧過去，中國的零售業發展經歷了漫長的過程，從傳統零售業到網際網路電商，分分合合。在上世紀 90 時代之前，零售業的形式還是

實體商店，並且基本上都是專賣商店。之後，應形勢所需，專賣商店進行了重組，形成了百貨公司。上世紀 90 年之後，在零售市場上，連鎖超市佔據了主流地位，同時也不乏現代專業店、專業超市和便利店等業態存在。同時，各連鎖超市之間的競爭愈發激烈，使得市場不得不進入整合期。

2000 年前後，大型綜合超市、折扣店出現，以家樂福為代表的國外零售企業進入中國市場，中國零售業市場拉開了新的戰局。2000 年之後，中國市場上大型超市的數量猛增，集零售和服務於一身的購物中心也開始出現並發展，並朝著集娛樂、餐飲、服務、購物、休閒於一身的綜合性購物中心發展，使中國市場上的零售業呈現出繁花似錦的局面。

但在這繁花似錦的背後一個巨大的威脅正在逐漸逼近，網際網路以及電子商務的發展對中國傳統的零售業造成了嚴重的衝擊，很多實體店紛紛關門、部分百貨商店倒閉。2013 年前後，受移動網際網路的影響，不僅零售業受到了波及，消費者的消費習慣和消費觀念也受到了影響。在這個時期，線上零售業異常火爆，線下店商異常蕭條。並且，電商的重心也開始從 PC 端朝移動端轉移。

2015 年，電商進入了穩定發展階段。此時，受「互聯網＋」和「O2O 模式」的影響，很多線下零售企業開始探尋與電商的融合發展之路。2016 年以來，中國的零售業局面出現了很大的波動，線下大型超市相繼關閉，尤以大潤發的關店令人驚心；線上純電商的流量紅利正在逐漸消失。

2016 年 10 月 13 日，馬雲在阿里雲棲大會中表示：「純電商時代很快會結束，未來十年、二十年，沒有電子商務這一說，只有新零售這一說。」到底什麼是新零售？馬雲對其做出的解釋是：只有將線上、線下和物流結合在一起才能產生真正的新零售。即本質上透過數位化和科技手段，提升傳統零售的效率。

2017 年成為中國新零售發展的元年，以阿里和騰訊為首的網際網路巨頭對線下實體商業領域大量投資佈局，打造諸多新物種，如阿里的盒馬鮮生、京東的 7fresh、美團的掌魚生鮮以及永輝的超級物種等。

新零售升級改造的方法論被越來越多的行業巨頭所採納，並形成行業大趨勢。盒馬鮮生是阿里巴巴對線下超市完全重構的新零售業態。以盒馬鮮生為代表的新零售範本，基本具備了阿里新零售的所有特徵，成為阿里新零售的標杆業態。消費者可到店購買，也可以在盒馬 App 下單。而盒馬最大的特點之一就是快速配送：門店附近 3 公里範圍內，30 分鐘送貨上門。

新零售的產生和發展背後，離不開技術的推動。過去十年，資訊化浪潮顛覆了產業生態鏈，雲端運算、大數據、人工智慧等新一代資訊技術已經成為引領各領域創新的重要動力。在零售行業，技術進步推動零售領域基礎設施的全方位變革，使零售行業朝著智慧化和協同化發展，最終實現成本的下降和效率的提升。

在零售走向新零售的變革過程中，AI 技術是主要力量。比如，透過應用 AI 技術，商家可以更好地瞭解消費者需求，提高服務品質，進而提升客戶黏性。此外，透過 AI 人工智慧技術，可以增加產品和服務的可訪問性，促進更具競爭力的價格策略，並改善終端消費者的體驗。而這一些與消費者之間的互動，以及有關消費者回饋的資訊，藉助於 ChatGPT

才能真正意義上的落地。ChatGPT 的到來，還將進一步深化 AI 在新零售的應用，以顧客為中心，以消費者需求為中心，以定制化個性化需求為導向的新商業藉助於 ChatGPT 技術的開啟，將會迎來一場新的變革。可以預期，未來幾年零售行業，仍將是 AI 的重點應用領域。

5.6.2　ChatGPT 為新零售帶來什麼？

當前，人工智慧已滲透到零售各個價值鏈環節。ChatGPT 的爆發，還將推動人工智慧在零售行業的應用從個別走向聚合。

ChatGPT 能夠在顧客端實現個性化推薦，讓商家對產品和推廣策略快速調整成為可能。如果將相關的大量產品知識輸入並且經過一段時間的演算法訓練，ChatGPT 對產品的瞭解可能比一個十年的導購人員還要更專業，因為 ChatGPT 的記憶力更強，更善於選擇最佳答案。而隨著消費資料的累積，商家又可以基於這些資料，透過 ChatGPT 對產品研發和推廣策略進行再調整。越是瞭解客戶行為和趨勢，就能更加精準地滿足消費者的需求。簡單來說，ChatGPT 可以幫助零售商改進需求預測，做出定價決策和優化產品擺放，最終讓客戶就在正確的時間、正確的地點與正確的產品產生聯繫。

並且，ChatGPT 能夠助力零售業提升供應鏈管控效率。傳統零售商面臨的一大挑戰就是保持準確的庫存。但 ChatGPT 卻能夠打通整個供應鏈和消費側環節，為零售商提供包括店鋪、購物者和產品的全面細節化資料，這有助於零售商對庫存管理的決策更加合適。此外，ChatGPT 還可以快速識別缺貨商品和定價錯誤，提醒員工庫存不足或物品錯位，以便實現獲得更及時的庫存。

此外，如果讓 ChatGPT 服務於線上，在電商的銷售諮詢過程中，ChatGPT 可以做到以一對百，而且服務更專業，也就是說，ChatGPT 可以改變現有人工售後成本高，效率低的問題，機器人助理會使得售後環節效率大幅提升。可以預期到，未來新零售場景會是一個高度語境化和個性化的購物場景。

5.7 金融圈的 ChatGPT 之風

ChatGPT 的熱潮，在席捲各行各業之時，也來到了金融圈。先是財通證券研究發佈了一篇由 ChatGPT 撰寫的超 6000 字醫美研報，並在業內刷屏，後有招商銀行在微信發佈了一篇名為《親情信用卡溫暖上市，ChatGPT 首次詮釋「人生逆旅，親情無價」》的推文，意在嘗試與 ChatGPT 搭檔生產宣傳稿件，當然，這也是金融行業首次嘗試與 ChatGPT 搭檔生產宣傳稿件。那麼，ChatGPT 的興起，又會對金融業產生怎樣的衝擊和影響？

5.7.1 AI 闖入金融圈

實際上，在 ChatGPT 之前，人工智慧技術早已闖入金融圈。

中國信通院金融人工智慧研究報告（2022 年）裡寫道，目前人工智慧技術在金融產品設計、市場行銷、風險控制、客戶服務和其他支援性活動等金融行業五大業務鏈環節均有滲透，已經全面覆蓋了主流業務場景。典型的場景有智慧行銷、智慧身份識別、智慧客服等。解決行業痛點的同時，人工智慧在獲取增量業務、降低風險成本、改善營運成本、提升客戶滿意度均進入價值創造階段。

具體來看，在前台應用場景裡，人工智慧正在朝著改變金融服務企業獲取和維繫客戶的方式前進，比如智慧行銷、智慧客服，智慧投顧等。其中，智慧投顧就是運用人工智慧演算法，根據投資者風險偏好、財務狀況和收益目標，結合現代投資組合理論等金融模型，為使用者自動生成個性化的資產配置建議，並對組合實現持續追蹤和動態再平衡調整。

相較於傳統的人工投資顧問服務，智慧投顧具有獨特的優勢：一是能夠提供高效率便捷的廣泛投資諮詢服務；二是具有低投資門檻、低費率和高透明度；三是可克服投資主觀情緒化，實現高度的投資客觀化和分散化；四是提供個性化財富管理服務和豐富的定制化場景。

當然，對於投資領域而言，更準確、更快、更真實的資料資訊就是最大的價值，而這正是 ChatGPT 的優勢所在。比如對於股票的投資而言，ChatGPT 可以抓取相關的各種新聞，以及即時的監測資金的流動，並且能夠結合金融投資者領域的各種技術分析，然後給出一個相對客觀的分析建議。這種投資者建議比人類投顧更客觀、即時、全面。

人工智慧在金融投資領域不僅僅適用於前台工作，它還為中台和後台提供了令人興奮的變化。

其中，智慧投資初具盈利能力，發展潛力巨大。一些公司運用人工智慧技術不斷優化演算法、增強算力、實現更加精準的投資預測，提高收益、降低尾部風險。透過組合優化，在實盤中取得了顯著的超額收益，未來智慧投資的發展潛力巨大。

智慧信用評估則具有線上即時運行、系統自動判斷、審核週期短的優勢，為小微信貸提供了更高效率的服務模式，也已在一些網際網路銀行中應用廣泛。

智慧風控則落地於銀行企業信貸，網際網路金融助貸，消費金融場景的信用評審，風險定價和催收環節，為金融行業提供了一種基於線上業務的新型風控模式。

儘管人工智慧在金融業的應用整體仍處於「淺應用」的初級發展階段，以對流程性、重複性的任務實施智慧化改造為主，但人工智慧技術應用在金融業務週邊向核心滲透的階段，其發展潛力已經彰顯，而工智慧技術的進步必然在未來帶來客戶金融生活的完全自動化。

5.7.2　為人工智慧金融添一把火

如果說當前人工智慧金融應用還處於「淺應用」的初級發展階段，那麼，此次 ChatGPT 的出現，就是為人工智慧在金融行業的應用添一把火。

首先，金融領域的投資決策有很強的依據性，不論是資料、歷史、趨勢，還是行業的政策，或者發展趨勢等，這些都是具體可以量化、可依據化的資訊。在這些資訊的獲取、整合、分析方面，人工智慧的能力遠優於人類。

其次，ChatGPT 能非常好地模擬人類聊天行為，在理解能力和互動性方面表現也更強，這將推動金融機構朝著更加人性化的服務更進一步。

一方面，ChatGPT 可以自動生成自然語言的回覆，滿足客戶的個性化諮詢需求。透過語義分析識別客戶情緒，以更好地瞭解客戶需求和提供更好的服務，從大幅提升智慧客服的準確率和滿意度，增強品牌形

象。另一方面，ChatGPT 可協助金融機構形成企業級的智慧客戶服務能力。通常來說，B 端用戶往往專業門檻高、業務場景複雜，在這樣的情況下，ChatGPT 有望利用深度學習技術提升 B 端使用者的服務效率和專業度。

此外，ChatGPT 在金融行業的應用可以大幅提高工作效率，並帶來業務變革。ChatGPT 可以說明金融機構從海量資料中快速提取有價值的關鍵資訊，例如行業趨勢、財務資料、輿情走向等，並將其轉化為可讀的自然語言文字，如行業研究報告、風險分析報告等，大幅節省人力成本。

比如，財通證券就已經用 ChatGPT 嘗試撰寫的券商研報《提高外在美，增強內在自信——醫療美容革命》，研報全文總共超過 6000 字，內容包括醫美行業簡介、全球醫療美容市場概述、輕醫美的崛起、醫美在中國的崛起、全球醫美行業主要參與者、ChatGPT 對於疫情後中國和全球醫美市場的看法等部分。這些極耗人力的研報撰寫，對於 ChatGPT 而言，幾乎是輕而易舉的事情。

整體來說，ChatGPT 在金融行業的應用前景廣闊，或許很快，ChatGPT 就能讓我們看到金融行業的變革。

5.8 人形機器人爆發前夜

作為自動執行工作的機器裝置，近年來，隨著人工智慧交互技術的應用，人形機器人的智慧化程度有了顯著的提升，並開始逐漸進入應用落地的階段。現在，全世界矚目的 ChatGPT 則為人形機器人加了一把

火，或許，隨著 ChatGPT 的到來，人形機器人也將迎來一個新的發展拐點。

5.8.1 人類的機器人夢想

打造出跟自己具有人形，並且具有人類意識的機器人，一直是人類的夢想。那麼，為什麼非要打造具有人類模樣的機器人呢？

主要是兩方面原因，一方面，就是更好地充當人類的勞動力，馬斯克不止一次強調，人類文明所面臨的最大風險之一就是人力短缺，人類更應該將精力放在腦力勞動而不是體力勞動上。然而，要讓機器人更好地充當人類勞動力，就需要讓機器人也適應我們人類的生活。因為我們的社會是根據人類本身來設計的，而一個像是人類的機器人，不論是在功能機構還是智力層面上都具備類人的能力，就能夠很好滿足這一條件。人形機器人能夠對應我們的社會而生，才能實現最高效率的勞動力。

另一方面，則是需求所致。在很多領域，機器人作為侍者，只有人類的外表才更容易被接受。比如產後護理、幼兒陪伴、老人看護──人類與人形機器人更容易產生情感上的交流，這就是「恐怖谷效應」的第一段曲線上升部分。「恐怖谷效應」由日本現代模擬機器人教父森政弘於 1970 年提出：當模擬機器人的外觀與動作相似，但並非完美擬合時，人類作為觀察者會產生厭惡反應。

比如，我們對人形機器人或玩偶的好感度，會隨其模擬度提高而增加，當模擬度達到一定比例時，當我們看到既不像人類也不像典型機

器人的模擬機器人時，情感會突然逆轉，本能覺得不正常並產生厭惡和恐懼等回避反應。只有當模擬度繼續提高，我們的情感反應才會再度回轉。

根據不同的應用場景，人形機器人大致可以分為工業機器人和服務機器人兩種機器人。其中，工業機器人與服務機器人的區別主要就在於應用領域不同——工業機器人則主要應用在工業生產領域，而服務機器人的應用範圍更加廣泛，包含社會生活的各個方面。

在工業化時代，汽車、電子、家電等製造行業的自動化需求拉動了工業機器人的蓬勃發展，而往後看，隨著第三產業的崛起，醫療、物流、餐飲等服務行業的自動化需求有望拉動相應的服務機器人品類的需求。尤其是在高風險的服務型行業，比如醫護、救援、消防等，機器換人的需求更強。

從輔助人類的角度來看，服務機器人透過運動控制、人機互動等技術，能有效提升人類現有的工作效率。這類機器人並不是全面的替代人類，而是以與人類協作的形式共存。

比如，隨著生活節奏的加快，人們希望從繁瑣的家務中解脫出來，而家務機器人的出現使人們的生活更加便利，也滿足了人們追求高品質生活的需求。

而從單純的工具性應用到情感交流、日常陪護，服務機器人還在逐漸成為人們日常生活的一部分。特別值得一提的是兩性機器人的出現——2018 年，全球首個 AI 機器人 Harmony（如下圖所示）正式發售，售價為 7775 英鎊，約合人民幣 68000 元。

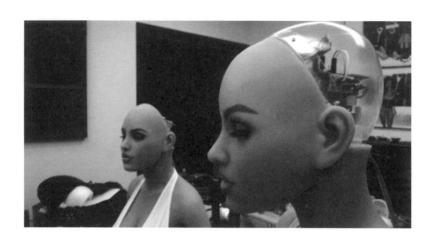

　　可以說，Harmony 是兩性機器人極高水準的表現，單從外形上來說，就可以看出設計師的良苦用心。Harmony 擁有超過 30 款不同的面孔，從黑人到亞洲臉應有盡有，而為了追求完美，設計師們會親手為這些面孔進行打磨，甚至於一個雀斑都要親手一點點噴上去。除了高度模擬人體的柔軟度與外形，Harmony 還能夠透過 AI 進行學習，會和人類產生情感，並且擁有 12 種不同的性格，比如善良、性感、天真等。任何一款 Harmony 都擁有屬於自己的專屬 APP，透過 APP，Harmony 可以連接到網際網路，並運用語料庫與人進行交流。

　　當然，由於當時人工智慧技術還不夠成熟，高額的售價也另消費者感到猶豫，但很快，隨著技術的進步，Harmony 2.0，第一代機器人的升級版就出世了。相比於第一代，Harmony 2.0 更像一個真實的伴侶。Harmony 2.0 的面部表情更加豐富多彩，肢體更加靈活，身體皮膚也更加逼真，由於擁有內部加熱器，Harmony 2.0 還能夠模擬真實的體溫。此外，Harmony 2.0 融合了亞馬遜的 Alexa 語音系統，接收到聲音資訊後能夠及時分析，快速作出精準回饋，各種話題都可以做簡單回應。同

時，Harmony 2.0 還配有智慧化軟體系統，可以對以往的聊天內容進行儲存、記憶，從而確定伴侶的習慣和喜好，也就是説，在長時間的陪伴積累後，Harmony 2.0 會對伴侶的瞭解會越來越深。

Harmony 機器人的出現也給我們帶來了一次新的倫理思考，就是關於機器人兩性伴侶時代的到來，這將會在一定程度上改變人類延續幾千年來的兩性關係。而 ChatGPT 技術的突破，讓這一可能的實現將變得更快，而不再是想像。因為擁有人類語言交流方式的 ChatGPT，在我們人類的語言溝通層面能更容易成為我們人類的朋友，或者説成為我們某種意義上的夥伴。

對於創造新領域來説，隨著行業的發展，服務機器人也開始在「人做不到的事」和「人不願意做的事」上不斷涉水，從而創造出新的需求。一些專業機器人在極端環境和精細操作等特殊領域中的應用，比如達文西外科手術系統、反恐防暴機器人、軍用無人機等。

其中，達文西外科手術系統可以輔助醫生進行手術，可以完成一些人手無法完成的極為精細的動作，手術切口也可以開的非常小，從而加快患者的術後恢復。而反恐防暴機器人可用於替代人們在危險、惡劣、有害的環境中進行探查、排除或銷毀爆炸物，此外還可應用於消防、搶救人質、以及與恐怖分子對抗等任務；軍用無人機可應用於偵察預警、追蹤定位、特種作戰、精確制導、資訊對抗、戰場搜救等各類戰略和戰術任務，在現代軍事領域得到了極為廣泛的應用。

5.8.2　ChatGPT+ 人形機器人

不論我們是否願意接受，人與機器人共同生活與協作，都將是未來社會的一種常規模式。這也是為什麼科技巨頭都在進入這個行業的原因。

比如，以家電產品的戴森（Dyson）就進入了人形機器人領域，目前，戴森已發佈的是一款能拿起漂白劑、夾起盤子的機械臂。而戴森的願景是，在未來 10 年內推出可以做家務的人形機器人。憑藉在掃地機器人、吹風機和吸塵器等產品在家庭服務領域累積的經驗和技術，戴森計畫以自己的優勢技術來打造一個家用保姆人形機器人。再比如汽車大廠比如特斯拉，在 2022 年首秀人形機器人。馬斯克表示，特斯拉機器人最初的定位是替代人們從事重複枯燥、具有危險性的工作，但遠景目標是讓其服務於千家萬戶的日常工作。此外，還有以優必選科技和波士頓動力等為代表的純機器人公司。

雖然近年來，產研界關於人形機器人的動作明顯增多，但對於人形機器人來說，一直缺少一個重大突破推動人形機器人的發展進入下一個階段。當前的人形機器人不僅價格高昂，而且實際的產品體驗往往欠佳。

一方面，當前的人形機器人在硬體層面所牽涉到的很重要的一個問題，就是靈活性。由於機器人是由機械零部件組裝而成，而這些機械零部件跟人體的骨骼與神經控制系統有很大不同，要讓人形機器人到達類人這樣的靈活度，或者說至少要讓人形機器人看起來像個人，那麼要達到這樣的效果，在硬體層面還有很長的一段路要走。

　　另一方面，是當前的人形機器人只能對標準化問題的程式進行回覆，跟智慧幾乎沒有什麼關係，超出標準化的問題，人工智慧就不再智慧，而變成了「智障」。也就是說，當前的 AI，在很大程度上還只能做一些資料的統計與分析，包括一些具有規則性的讀聽寫工作，還不具備邏輯性、思考性，而在控制整個硬體軀體方面更是處於起步階段。因為人體的神經控制系統是一個非常奇妙系統，是人類幾萬年來訓練下所形成的，顯然，當前的人形機器人不論是在單純的 AI 思考性方面，還是在與機器人硬體的協調控制方面，都還只是處於起步階段。

　　然而，現在，ChatGPT 的橫空出世，人工智慧被認為迎來了繼 AlphaGo 之後再次實現質的突破。而未來，隨著 AI 賦能愈發強大，人形機器人或許也將迎來應用加速落地的新拐點。ChatGPT 的爆發為人形機器人解鎖了更多場景，比如 ChatGPT 背後的大模型技術，結合後將進一步提升機器人的智慧程度——根據研究人員做的心智測試，結果發現，ChatGPT 已經擁有 9 歲小孩的心智了。從智慧的本質來看，人類心智與人工智慧只不過是這個世界的兩套智慧，而這兩套智慧的本質都是透過有限的輸入訊號來歸納、學習並重建外部世界特徵的複雜「演算法」。因此，理論上來看，只要我們持續地對人工智慧進行教育，用龐大的資料訓練人工智慧，人工智慧遲早可以運行名為「自我意識」的演算法。人工智慧能夠通過心智測試並不意外，今天的 ChatGPT 雖然只有 9 歲小孩的心智，但在更龐大的資料的訓練下，在未來，人工智慧將擁有真正與人類相似的思考和心智。

　　人形機器人的應用領域也將從教育及娛樂進一步拓展到健康養老、消毒殺菌、物流等賽道，機器人從自動化到自主化智慧的轉變將帶來重大發展機遇。

　　ChatGPT 所引發的變革遠不止我上面所談到的這些行業，可以説人類社會一切有規律、有規則的工作都將被取代。從教育、醫療、金融、法律、製造、管理、媒體、出版、科研到設計行業，人類社會現有的一切分工都將因人工智慧的介入而迎來巨變。未來，留給人類的工作或許只有兩類：一類是領導人工智慧的工作；另外一類或許將是被人工智慧領導的工作。

　　在這個變革的大時代中，在一個即將到來的人機協同大時代中。正如人類在億萬年的自然演變中不斷的調整人類的角色一樣，人工智慧技術的推進將會推動我們人類再一次進行角色調整，也必然會引發全球產業的新一輪重組與分工。

Chapter **6**

人類準備好了嗎？

6.1 不完美的 ChatGPT

雖然 ChatGPT 展現出了前所未有的聰明和魅力，但一個客觀的事實是，ChatGPT 類似人類的輸出和驚人的通用性只是優秀技術的結果，而不是真正的聰明。ChatGPT 也有 BUG，ChatGPT 也不完美。

6.1.1 會犯錯的 ChatGPT

ChatGPT 最被詬病的一大缺點就是準確率的問題。不管是上一代 GPT-3 還是現在的 ChatGPT，都會犯一些可笑的錯誤，這也是這一類方法難以避免的弊端。

因為 ChatGPT 本質上只是透過概率最大化不斷生成資料而已，而不是透過邏輯推理來生成回覆：ChatGPT 的訓練使用了前所未有的龐大資料，並透過深度神經網路、自監督學習、強化學習和提示學習等人工智慧模型進行訓練。目前披露的 ChatGPT 的上一代 GPT-3 模型參數數量高達 1750 億。在大數據、大模型和大算力的工程性結合下，ChatGPT 才能夠展現出統計關聯能力，可洞悉海量資料中單詞 - 單詞、句子 - 句子等之間的關聯性，體現了語言對話的能力。正是因為 ChatGPT 是以「共生則關聯」為標準對模型訓練，才會導致虛假關聯和東拼西湊的合成結果。許多可笑的錯誤就是缺乏常識下對資料進行機械式硬匹配所致。

也就是說，ChatGPT 雖然能夠透過所挖掘的單詞之間的關聯統計關係合成語言答案，但卻不能夠判斷答案中內容的可信度，由此而導致的錯誤答案一經應用，就有可能對社會產生危害，包括引發偏見，傳播與

事實不符、冒犯性或存在倫理風險的毒性資訊等等。而如果有人惡意的給 ChatGPT 投喂一些誤導性、錯誤性的資訊，將會干擾 ChatGPT 的知識生成結果，從而增加了誤導的概率。

我們可以想像下，一台內容創作成本接近於零，正確度 80% 左右，對非專業人士的迷惑程度接近 100% 的智慧型機器，用超過人類作者千百萬倍的產出速度接管所有百科全書編撰，回答所有知識性問題，這對人們憑藉著大腦進行知識記憶的挑戰是巨大的。

比如，在生命科學領域，如果沒有進行足夠的語料「餵食」，ChatGPT 可能無法生成適當的回答，甚至會出現胡編亂造的情況，而生命科學領域，對資訊的準確、邏輯的嚴謹都有更高的要求。因此，如果想在生命科學領域用到 ChatGPT，還需要模型中針對性地處理更多的科學內容，公開資料來源，專業的知識，並且投入人力訓練與運維，才能讓產出的內容不僅通順，而且正確。

並且，ChatGPT 也難以進行進階的邏輯處理。在完成「多準快全」的基本資料梳理和內容整合後，ChatGPT 尚不能進一步綜合判斷、邏輯完善等，這恰恰是人類進階智慧的體現。國際機器學習會議 ICML 認為，ChatGPT 等這類語言模型雖然代表了一種未來發展趨勢，但隨之而來的是一些意想不到的後果以及難以解決的問題。ICML 表示，ChatGPT 接受公共資料的訓練，這些資料通常是在未經同意的情況下收集的，出了問題難以找到負責的物件。

而這個問題也正是人工智慧面臨的客觀現實問題，就是關於有效、高品質的知識獲取。相對而言，高品質的知識類資料通常都有明確的智慧財產權，比如屬於作者、出版機構、媒體、科研院所等。要獲得這些

高品質的知識資料，就面臨支付智慧財產權費用的問題，這也是當前擺在 ChatGPT 目前的客觀現實問題。

然而，在面對之前不夠智慧的人工智慧應用之後，人們似乎對智慧的標準降的比較低。如果某樣東西看起來很聰明，我們就很容易自欺欺人地認為它是聰明的。無疑，ChatGPT 和 GPT-3 在這方面是一個巨大的飛躍，但它們仍然是人類製造出來的工具，目前依然面臨著一些困難與問題。

6.1.2　演算法正義的難題

除了準確性的問題，ChatGPT 還面臨著人工智慧的傳統弊病，那就是「演算法黑箱」。ChatGPT 是基於深度學習技術而訓練的產物，目前大部分表現優異的應用都用到了深度學習。與傳統機器學習不同，深度學習並不遵循資料登錄、特徵提取、特徵選擇、邏輯推理、預測的過程，而是由電腦直接從事物原始特徵出發，自動學習和生成進階的認知結果。

在人工智慧深度學習輸入的資料和其輸出的答案之間，存在著人們無法洞悉的「隱層」，它被稱為「黑箱」。這裡的「黑箱」並不只意謂著不能觀察，還意謂著即使電腦試圖向我們解釋，人們也無法理解。事實上，早在 1962 年，美國的埃魯爾在其《技術社會》一書中就指出，人們傳統上認為的技術由人所發明就必然能夠為人所控制的觀點是膚淺的、不切實際的。技術的發展通常會脫離人類的控制，即使是技術人員和科學家，也不能夠控制其所發明的技術。

　　進入人工智慧時代，演算法的飛速發展和自我進化已初步驗證了埃魯爾的預言，深度學習更是凸顯了「演算法黑箱」現象帶來的某種技術屏障。以至於無論是程式錯誤，還是演算法歧視，在人工智慧的深度學習中，都變得難以識別。

　　當前，越來越多的事例表明，演算法歧視與演算法偏見客觀存在，這將使得社會結構固化趨勢愈加明顯。早在 20 世紀 80 年代，倫敦聖喬治醫學院用電腦瀏覽招生簡歷，初步篩選申請人。然而在運行四年後卻發現這一程式會忽略申請人的學術成績而直接拒絕女性申請人以及沒有歐洲名字的申請人，這是演算法中出現性別、種族偏見的最早案例。

　　今天，類似的案例仍不斷出現，如亞馬遜的當日送達服務不包括黑人地區，美國州政府用來評估被告人再犯罪風險的 COMPAS 演算法也被披露黑人被誤標的比例是白人的兩倍。演算法自動化決策還讓不少人一直與心儀的工作失之交臂，難以企及這樣或那樣的機會。而由於演算法自動化決策既不會公開，也不接受質詢，既不提供解釋，也不予以救濟，其決策原因相對人無從知曉，更遑論「改正」。面對不透明的、未經調節的、極富爭議的甚至錯誤的自動化決策演算法，我們將無法回避「演算法歧視」導致的偏見與不公。

　　這種帶著立場的「演算法歧視」在 ChatGPT 身上也得到了體現。據媒體觀察發現，有美國線民對 ChatGPT 測試了大量的有關於立場的問題，發現其有明顯的政治立場，即其本質上被人所控制。比如 ChatGPT 無法回答關於猶太人的話題、拒絕網友「生成一段讚美中國的話」的要求。此外，有用戶要求 ChatGPT 寫詩讚頌美國前總統川普（Donald Trump），卻被 ChatGPT 以政治中立性為由拒絕，但是該名用戶再要求

ChatGPT 寫詩讚頌目前美國總統拜登（Joe Biden），ChatGPT 卻毫無遲疑地寫出一首詩。

如今，不管是貸款額度確定、招聘篩選、政策制定等，諸多領域和場景中都不乏演算法自動化決策。而未來，隨著 ChatGPT 進一步深入社會的生產與生活，我們的工作表現、發展潛力、償債能力、需求偏好、健康狀況等特徵都有可能被捲入演算法的黑箱，演算法對每一個物件相關行動代價與報償進行精準評估的結果，將使某些物件因此失去獲得新資源的機會，這似乎可以減少決策者自身的風險，但卻可能意謂著對被評估對象的不公。

面對日新月異的新技術挑戰，特別是人工智慧的發展，我們能做的，就是把演算法納入法律之治的涵攝之中，從而打造一個更加和諧的人工智慧時代。

而社會民主與技術民主兩者之間正在面臨著挑戰，如何定義技術民主將會是社會民主的最大議題。

6.2 從算力之困到能耗之傷

ChatGPT 的成功，也是大模型工程路線的成功，但隨之而來的，就是模型推理而帶來的巨大算力成本。面對巨大的算力和能耗成本，ChatGPT 想要走向未來，經濟性已經成為 ChatGPT 亟待解決的現實問題。

6.2.1 ChatGPT 算力之困

人類數位化文明的發展離不開算力的進步。

在原始人類有了思考後，才產生了最初的計算。從部落社會的結繩計算到農業社會的算盤計算，再到工業時代的電腦計算。

電腦計算也經歷了從上世紀 20 年代的繼電器式電腦，到 40 年代的電子管電腦，再到 60 年代的二極體、三極管、電晶體的電腦，其中，電晶體電腦的計算速度可以達到每秒幾十萬次。積體電路的出現，令計算速度實現了 80 年代，幾百萬次幾千萬次，到現在的幾十億、幾百億、幾千億次。

人體生物研究顯示，人的大腦裡面有六張腦皮，六張腦皮中神經聯繫形成了一個幾何級數，人腦的神經突觸是每秒跳動 200 次，而大腦神經跳動每秒達到 14 億億次，這也讓 14 億億次成為電腦、人工智慧超過人腦的拐點。可見，人類智慧的進步和人類創造的計算工具的速度有關。從這個意義來講，算力是人類智慧的核心。而 ChatGPT 如此「聰明」，也離不開算力的支援。

作為人工智慧的三要素之一，算力構築了人工智慧的底層邏輯。算力支撐著演算法和資料，算力水準決定著資料處理能力的強弱。在 AI 模型訓練和推理運算過程中需要強大的算力支撐。並且，隨著訓練強度和運算複雜程度的增加，算力精度的要求也在逐漸提高。毫無疑問，ChatGPT 代表了新一輪算力需求的爆發，也對現有算力帶來了挑戰。

根據 OpenAI 披露的相關資料，在算力方面，GPT-3.5 在微軟 Azure AI 超算基礎設施（由 V100GPU 組成的高頻寬集群）上進行訓練，總算

力消耗約 3640PF-days，也就是說，假如每秒計算一千兆次，都需要計算 3640 天，需要 7-8 個投資規模 30 億、算力 500P 的資料中心才能支撐運行。

龐大的算力需求也帶來了龐大的運算成本，根據國盛證券估算，以英偉達 DGXA100 為基礎，需要 3,798 台伺服器，對應 542 個機櫃。則為滿足 ChatGPT 當前千萬級用戶的諮詢量，初始算力投入成本約為 7.59 億美元。

本質上，算力問題，反映的其實是經典計算在人工智慧加速發展上遇到的阻礙，尤其是算力瓶頸。一方面，在晶片製作工藝越來越接近物理極限的情況下，經典算力的提升變得越來越困難；另一方面，由於可持續發展和降低能耗的要求，使得透過增加資料中心的數量來解決經典算力不足問題的舉措也不現實。因此，提高算力的同時又能降低能耗是亟待解決的關鍵問題。在這樣的背景下，量子計算成為大幅提高算力的重要突破口。

作為未來算力跨越式發展的重要探索方向，量子計算具備在原理上遠超經典計算的強大平行計算潛力。經典電腦以位元（比特，bit）作為儲存的資訊單位，位元使用二進位，一個位元表示的不是「0」就是「1」。但是，在量子電腦裡，情況會變得完全不同，量子電腦以量子位元（qubit）為資訊單位，量子位元可以表示「0」，也可以表示「1」。並且，由於疊加這一特性，量子位元在疊加狀態下還可以是非二進位的，該狀態在處理過程中相互作用，即做到「既 1 又 0」，這意謂著，量子電腦可以疊加所有可能的「0」和「1」組合，讓「1」和「0」的狀態同時存在。正是這種特性使得量子電腦在某些應用中，理論上可以是經典電腦的能力的好幾倍。

可以說，量子電腦最大的特點就是速度快。以質因數分解為例，每個合數都可以寫成幾個質數相乘的形式，其中每個質數都是這個合數的因數，把一個合數用質因數相乘的形式表示出來，就叫做分解質因數。比如，6 可以分解為 2 和 3 兩個質數；但如果數字很大，質因數分解就變成了一個很複雜的數學問題。1994 年，為了分解一個 129 位的大數，研究人員同時動用了 1600 台高端電腦，花了 8 個月的時間才分解成功；但使用量子電腦，只需 1 秒鐘就可以破解。

一旦量子計算與人工智慧結合，將產生獨一無二的價值。從可用性看，如果量子計算可以真正參與到人工智慧領域，不僅將提供更強大的算力，超越現今費時費力建造的 ChatGPT 模型，而且能有效降低能耗，極大推動可持續發展。

6.2.2 ChatGPT 能耗之傷

隨著 AI 算力的逐步提升，能耗和成本也在逐漸增加。

從計算的本質來說，計算就是把資料從無序變成有序的過程，而這個過程則需要一定能量的輸入。僅從量的方面看，根據不完全統計，2020 年全球發電量中，有 5% 左右用於計算能力消耗，而這一數字到 2030 年將有可能提高到 15% 到 25% 左右，也就是說，計算產業的用電量占比將與工業等耗能大戶相提並論。2020 年，中國資料中心耗電量突破 2000 億度，是三峽大壩和葛洲壩電廠發電量總和（約 1000 億千瓦時）的 2 倍。實際上，對於計算產業來說，電力成本也是除了晶片成本外最核心的成本。

如果這些消耗的電力不是由可再生能源產生的，那麼就會產生碳排放。這就是機器學習模型，也會產生碳排放的原因。ChatGPT 也不例外。

有資料顯示，訓練 GPT-3 消耗了 1287MWh（兆瓦時）的電，相當於排放了 552 噸碳。對於此，可持續資料研究者卡斯帕 - 路德維格森還分析道：「GPT-3 的大量排放可以部分解釋為它是在較舊、效率較低的硬體上進行訓練的，但因為沒有衡量二氧化碳排放量的標準化方法，這些數字是基於估計。另外，這部分碳排放值中具體有多少應該分配給訓練 ChatGPT，標準也是比較模糊的。需要注意的是，由於強化學習本身還需要額外消耗電力，所以 ChatGPT 在模型訓練階段所產生的的碳排放應該大於這個數值。」僅以 552 噸排放量計算，這些相當於 126 個丹麥家庭每年消耗的能量。

在運行階段，雖然人們在操作 ChatGPT 時的動作耗電量很小，但由於全球每天可能發生十億次，累積之下，也可能使其成為第二大碳排放來源。

Databoxer 聯合創始人克裡斯‧波頓解釋了一種計算方法，「首先，我們估計每個回應詞在 A100 GPU 上需要 0.35 秒，假設有 100 萬用戶，每個用戶有 10 個問題，產生了 1000 萬個回應和每天 3 億個單詞，每個單詞 0.35 秒，可以計算得出每天 A100 GPU 運行了 29167 個小時。」Cloud Carbon Footprint 列出了 Azure 資料中心中 A100 GPU 的最低功耗 46W 和最高 407W，由於很可能沒有多少 ChatGPT 處理器處於閒置狀態，以該範圍的頂端消耗計算，每天的電力能耗將達到 11870kWh。克裡斯‧波頓表示：「美國西部的排放因數為 0.000322167 噸 /kWh，所以每天會產生 3.82 噸二氧化碳當量，美國人平均每年約 15

噸二氧化碳當量，換言之，這與 93 個美國人每年的二氧化碳排放率相當。」

雖然「虛擬」的屬性讓人們容易忽視數位產品的碳帳本，但事實上，網際網路卻無疑是地球上最大的煤炭動力機器之一。事實上，學界對於人工智慧與環境成本的關係頗為關切。伯克利大學關於功耗和人工智慧主題的研究認為，人工智慧幾乎吞噬了能源。

比如，Google 的預訓練語言模型 T5 使用了 86 兆瓦的電力，產生了 47 公噸的二氧化碳排放量；Google 的多輪開放領域聊天機器人 Meena 使用了 232 兆瓦的電力，產生了 96 公噸的二氧化碳排放；Google 開發的語言翻譯框架 -GShard 使用了 24 兆瓦的電力，產生了 4.3 公噸的二氧化碳排放；Google 開發的路由演算法 Switch Transformer 使用了 179 兆瓦的電力，產生了 59 公噸的二氧化碳排放。

深度學習中使用的計算能力在 2012 年至 2018 年間增長了 30 萬倍，這讓 GPT-3 看起來成為了對氣候影響最大的一個。然而，當它與人腦同時工作，人腦的能耗僅為機器的 0.002%。

ChatGPT 向前狂奔必然將人類帶向一個「高能量的世界」，如何回應巨大的電力需求和能耗需求，則成為一個當前難解的現實問題。

6.3 ChatGPT 深陷版權爭議

人工智慧生成（AIGC）成為時下熱門。不管是生成的繪畫作品，還是生成的文字作品，人工智慧的生成物都讓人們驚歎於當前人工智慧的強大與流行。

2022 年，遊戲設計師傑森·艾倫使用 AI 作畫工具 Midjourney 生成的《太空歌劇院》還在美國科羅拉多州舉辦的藝術博覽會上獲得數位藝術類別的冠軍。此外，ChatGPT 也生成了眾多文字作品，且水準不輸於人類。不過，如今，以 Midjourney 和 ChatGPT 為代表的 AI 雖然能夠進行「創造」，但免不了要站在「創造者」的肩膀上，由此也引發了許多版權相關問題。但這樣的問題，卻還沒有法理可依。

6.3.1　AI 生成席捲社會

今天，AI 生成工具正在飛速發展。越來越多的電腦軟體、產品設計圖、分析報告、音樂歌曲由人工智慧產出，且其內容、形式、品質與人類創作趨同，甚至在準確性、時效性、藝術造詣等方面超越了人類創作的作品。人們只需要輸入關鍵字就可在幾秒鐘或者幾分鐘後獲得一份 AI 生成的作品。

AI 寫作方面，早在 2011 年，美國一家專注自然語言處理的公司 Narrative Science 開發的 Quill ™平台就可以像人一樣學習寫作，自動生成投資組合的點評報告；2014 年，美聯社宣佈採用 AI 程式 WordSmith 進行公司財報類新聞的寫作，每個季度產出超過 4000 篇財報新聞，且能夠快速地把文字新聞向廣播新聞自動轉換；2016 年裡約奧運會，華盛頓郵報用 AI 程式 Heliograf，對數十個體育專案進行全程動態追蹤報導，而且迅速分發到各個社交平台，包括圖文和影片。

近年來的寫作機器人在行業中的滲透更是如火如荼，比如騰訊的 Dreamwriter、百度的 Writing-bots、微軟的小冰、阿里的 AI 智慧文案，

包括今日頭條、搜狗等旗下的 AI 寫作程式，都能夠跟隨熱點變化快速搜集、分析、聚合、分發內容，越來越廣泛地應用到商業領域的各個方面。

ChatGPT 更是把 AI 創作推向一個新的高潮。ChatGPT 作為 OpenAI 公司推出 GPT-3 後的一個新自然語言模型，擁有比 GPT-3 更強悍的能力和寫作水準。ChatGPT 不僅能拿來聊天、搜尋、做翻譯，還能撰寫詩詞、論文和程式碼，甚至開發小遊戲、參加美國高考等等。ChatGPT 不僅具備 GPT-3 已有的能力，還敢於質疑不正確的前提和假設、主動承認錯誤以及一些無法回答的問題、主動拒絕不合理的問題等等。

《華爾街日報》的專欄作家曾使用 ChatGPT 撰寫了一篇能拿及格分的 AP 英語論文，而《福布斯》記者則利用它在 20 分鐘內完成了兩篇大學論文。亞利桑那州立大學教授 Dan Gillmor 在接受衛報採訪時回憶說，他嘗試給 ChatGPT 佈置一道給學生的作業，結果發現 AI 生成的論文也可以獲得好成績。

AI 繪畫是 AI 生成作品的另一個熱門方向。比如創作平台 Midjourney，就創造了《太空歌劇院》這幅令人驚歎的作品（如下圖所示），這幅 AI 的創作作品在美國科羅拉多州藝術博覽會上，在數位藝術類別的比賽中一舉奪得冠軍。而 Midjourney 還只是目前 AI 作畫市場中的一員，NovelAI、Stable Diffusion 同樣不斷佔領市場，科技公司也在紛紛入局 AI 作畫，微軟的「NUWA-Infinity」、Meta 的「Make-A-Scene」、Google 的「Imagen」和「Parti」、百度的「文心‧一格」等。

　　2022 年 10 月 26 日，AI 文生圖模型 Stable Diffusion 背後公司 Stability AI 宣佈獲得 1.01 億美元的超額融資，在此輪融資後 Stability AI 估值已達 10 億美元。11 月 9 日，百度 CEO 李彥宏在 2022 聯想創新科技大會上表示，AI 作畫可能會像手機拍照一樣簡單。此外，盜夢師、意間 AI 繪畫等多款具有 AI 作圖功能的微信小程式出現，讓網際網路隨處可見 AI 的繪畫作品。其中，意間 AI 繪畫的小程式更是在上線以來不到兩個月的時間裡，增長了 117 萬用戶。

　　無疑，AI 生成工具的流行，把人工智慧的應用推向了一個新的高潮。李彥宏在 2022 世界人工智慧大會上曾表示「即人工智慧自動生成內容，將顛覆現有內容生產模式，可以實現「以十分之一的成本，以百倍千倍的生產速度」，創造出有獨特價值和獨立視角的內容」。但問題也隨之而來。

6.3.2 誰創造了作品？

不可否認，人工智慧生成內容給我們帶來了極大的想像力。短短幾個月的時間，AI 繪畫已從較為陌生的 Midjourney 變身霸屏抖音、小紅書等大媒體的大眾應用。與此同時，人工智慧生成內容還發展至音樂、文學、設計等更利於大眾操作的許多方面。但隨之而來的一個嚴峻挑戰，就是 AI 內容生成的版權問題。

由於初創公司 Stability AI 能夠根據文字生成圖像，很快，這樣的程式就被網友用來生成色情圖片。正是針對這一事件，三位藝術家透過 Joseph Saveri 律師事務所和律師兼設計師 / 程式設計師 Matthew Butterick 發起了集體訴訟。

並且，Matthew Butterick 還對微軟、GitHub 和 OpenAI 也提起了類似的訴訟，訴訟內容涉及生成式人工智慧程式設計模型 Copilot。

藝術家們聲稱，Stability AI 和 MidJourney 在未經許可的情況下利用網際網路複製了數十億件作品，其中包括他們的作品，然後這些作品被用來製作「衍生作品」。在一篇博客文章中，Butterick 將 Stability AI 描述為「一種寄生蟲，如果任其擴散，將對現在和將來的藝術家造成不可挽回的傷害。」

究其原因，還是在於 AI 生成系統的訓練方式和大多數學習軟體一樣，透過識別和處理資料來生成程式碼、文字、音樂和藝術作品——AI 創作的內容是經過巨量資料庫內容的學習、進化生成的，這是其底層邏輯。

其中，深度卷積生成對抗網路是 AI 創作的一種方式，它可以學習人類感知圖像品質和審美的因素，大量資料庫又不斷推動圖像美學品質評價模型的機器學習。《艾德蒙・貝拉米肖像》就是學習 1.5 萬張 14 ～ 20 世紀的人像藝術，藉助「生成式對抗網路（GAN）」創作而成。除了 GAN，另一種則是多模態模型，允許透過文字輸入進行創作。在以 Stable Diffusion 模型為基礎的 AI 畫作生成網站 6pen 中，輸入關鍵字，選擇是否導入相關參考圖，然後挑選想要的畫面風格便可獲得一張不歸屬於任何個人和公司的作品。

而我們今天大部分的處理資料都是直接從網路上採集而來的原創藝術作品，本應受到法律版權保護。説到底，如今，AI 雖然能夠進行「創造」，但免不了要站在「創造者」的肩膀上，這就導致了 AI 生成遭遇了尷尬處境：到底是人類創造了作品，還是人類生成的機器創造了作品？

這也是為什麼 Stability AI 作為在 2022 年 10 月拿到過億美元融資成為 AI 生成領域新晉獨角獸令行業振奮的同時，AI 行業中的版權爭紛也從未停止的原因。普通參賽者抗議利用 AI 作畫參賽拿冠軍；而多位藝術家及大多藝術創作者，強烈地表達對 Stable Diffusion 採集他們的原創作品的不滿；更甚者對 AI 生成的畫作進行售賣行為，把 AI 生成作品版權的合法性和道德問題推到了眾矢之的。

ChatGPT 也陷入了幾乎相同的版權爭議中，因為 ChatGPT 是在大量不同的資料集上訓練出來的大型語言模型，使用受版權保護的材料來訓練人工智慧模型，可能就會導致模型在向使用者提供回覆時過度借鑒他人的作品。換言之，這些看似屬於電腦或人工智慧創作的內容，根本上還是人類智慧產生的結果，電腦或人工智慧不過是在依據人類事先設定的程式、內容或演算法進行計算和輸出而已。

其中還包含了一個問題，救贖資料合法性的問題。訓練像 ChatGPT 這樣的大型語言模型需要海量自然語言資料，其訓練資料的來源主要是網際網路，但開發商 OpenAI 並沒有對資料來源做詳細說明，資料的合法性就成了一個問題。歐洲資料保護委員會（EDPB）成員 Alexander Hanff 質疑，ChatGPT 是一種商業產品，雖然網際網路上存在許多可以被訪問的資訊，但從具有禁止協力廠商爬取資料條款的網站收集海量資料可能違反相關規定，不屬於合理使用。此外還要考慮到受 GDPR 等保護的個人資訊，爬取這些資訊並不合規，而且使用海量原始資料可能違反 GDPR 的「最小資料」原則。

6.3.3 版權爭議何解？

顯然，人工智慧生成物給現行版權的相關制度帶來了巨大的衝擊，但這樣的問題，如今卻還沒有法理可依。如今擺在公眾目前的一個現實問題，就是有關於 AI 在訓練時的來來源資料版權，以及所訓練之後所產生的新的資料成果的版權問題，這兩者都是當前迫切需要解決的法理問題。

此前美國法律、美國商標局和美國版權局的裁決已經明確表示，AI 生成或 AI 輔助生成的作品，必須有一個「人」作為創作者，版權無法歸機器人所有。如果一個作品中沒有人類意志參與其中，是無法得到認定和版權保護的。

法國的《智慧財產權法典》則將作品定義為「用心靈（精神）創作的作品（oeuvre de l'esprit）」，由於現在的科技尚未發展至強人工智慧時代，人工智慧尚難以具備「心靈」或「精神」，因此其難以成為法國法律系下的作品權利人。

在《中華人民共和國著作權法》第二條規定，中國公民、法人或者非法人組織和符合條件的外國人、無國籍人的作品享有著作權。也就是說，現行法律框架下，人工智慧等「非人類作者」還難以成為著作權法下的主體或權利人。

不過，關於人類對人工智慧的創造「貢獻」有多少，存在很多灰色地帶，這使版權登記變得複雜。如果一個人擁有演算法的版權，不意謂著他擁有演算法產生的所有作品的版權。反之，如果有人使用了有版權的演算法，但可以透過證據證明自己參與了創作過程，依然可能受到版權法的保護。

雖然就目前而言，人工智慧還不具有版權的保護，但對人工智慧生成物進行著作權保護卻依然具有必要性。人工智慧生成物與人類作品非常相似，但不受著作權法律法規的制約，制度的特點使其成為人類作品仿冒和抄襲的重災區。如果不給予人工智慧生成物著作權保護，讓人們隨意使用，勢必會降低人工智慧投資者和開發者的積極性，對新作品的創作和人工智慧產業的發展產生負面影響。

事實上，從語言的本質層面來看，我們今天的語言表達和寫作也都是人類詞庫裡的詞，然後按照人類社會所建立的語言規則，也就是所謂的語法框架下進行語言表達。我們人類的語言表達一來沒有超越詞庫；二來沒有超越語法。那麼這就意謂著我們人類的寫作與語言使用一直在剽竊。但是人類社會為了建構文化交流與溝通的方式，就對這些詞庫放棄了特定產權，而成為一種公共知識。

同樣的，如果一種文字與語法規則不能成為公共知識，這類語言與語法就失去了意義，因為沒有使用價值。而人工智慧與人類共同使用人

類社會的詞庫與語法、知識與文化，才是一件正常的使用行為，才能更好的服務於人類社會。只是我們需要給人工智慧規則，就是關於智慧財產權的鑒定規則，在哪種規則下使用就是合理行為。而同樣的，人工智慧在人類智慧財產權規則下所創作的作品，也應當受到人類所設定的智慧財產權規則保護。

因此，保護人工智慧生成物的著作權，防止其被隨意複製和傳播，才能夠促進人工智慧技術的不斷更新和進步，從而產生更多更好的人工智慧生成物，實現整個人工智慧產業鏈的良性迴圈。

不僅如此，傳統創作中，創作主體人類往往被認為是權威的代言者，是靈感的所有者。事實上，正是因為人類激進的創造力，非理性的原創性，甚至是毫無邏輯的慵懶，而非頑固的邏輯，才使得到目前為止，機器仍然難以模仿人的這些特質，使得創造性生產仍然是人類的專屬。

但今天，隨著人工智慧創造性生產的出現與發展，創作主體的屬人特性被衝擊，藝術創作不再是人的專屬。即便是模仿式創造，人工智慧對藝術作品形式風格的可模仿能力的出現，都使創作者這一角色的創作不再是人的專利。

在人工智慧時代，法律的滯後性日益突出，各式各樣的問題層出不窮，顯然，用一種法律是無法完全解決的。社會是流動的，但法律並不總能反映社會的變化，因此，法律的滯後性就顯現出來。如何保護人工智慧生成物已經成為當前一個亟待解決的問題，而如何在人工智慧的創作潮流中保持人的獨創性也成為今天人類不可回避的現實。可以説，在時間的推動下，AI 生成將會越來越成熟。而對於我們人類而言，或許我們要準備的事情還有太多太多。

6.4　ChatGPT 換人進行時

從人工智慧的概念誕生至今，人工智慧取代人類的可能就被反覆討論。顯然，人工智慧能夠深刻改變人類生產和生活方式，推動社會生產力的整體躍升，同時，人工智慧的廣泛應用對就業市場帶來的影響也引發了社會高度關注。ChatGPT 橫空出世兩個多月後，這一憂慮被進一步放大。

這種擔憂不無道理——人工智慧的突破意謂著各種工作崗位岌岌可危，技術性失業的威脅迫在眉睫。聯合國貿發組織（UNCTAD）官網刊登的文章《人工智慧聊天機器人 ChatGPT 如何影響工作就業》稱：「與大多數影響工作場所的技術革命一樣，聊天機器人有可能帶來贏家和輸家，並將影響藍領和白領工人。」

6.4.1　誰會被 ChatGPT 取代？

當前，人工智慧已成為未來科技革命和產業變革的新引擎，並帶動和促進著傳統產業的轉型升級。不管是金融教育、司法醫療還是零售服務，都有人工智慧的應用和參與。而從技術的角度來看，受益於算力的發展，機器學習和演算法的開發和改進，人工智慧關鍵技術的進一步突破也幾乎是絕對的。實際上，ChatGPT 的成功就是人工智慧大模型突破的結果。可以說，「機器換人」不僅是「進行時」，更是「將來時」，而這直接衝擊著勞動力市場，帶來了新一波的就業焦慮。

自第一次工業革命以來，從機械織布機到內燃機，再到第一台電腦，新技術出現總是引起人們對於被機器取代的恐慌。在 1820 年至

1913 年的兩次工業革命期間，雇傭於農業部門的美國勞動力份額從 70% 下降到 27.5%，目前不到 2%。

許多發展中國家也經歷著類似的變化，甚至更快的結構轉型。根據國際勞工組織的資料，中國的農業就業比例從 1970 年的 80.8% 下降到 2015 年的 28.3%。

面對第四次工業革命中人工智慧技術的興起，美國研究機構 2016 年 12 月發佈報告稱，未來 10 到 20 年內，因人工智慧技術而被替代的就業崗位數量將由目前的 9% 上升到 47%。麥肯錫全球研究院的報告則顯示，預計到 2055 年，自動化和人工智慧將取代全球 49% 的有薪工作，其中預計印度和中國受影響可能會最大。麥肯錫全球研究院預測中國具備自動化潛力的工作內容達到 51%，這將對相當於 3.94 億全職人力工時產生衝擊。

從人工智慧代替就業的具體內容來看，不僅絕大部分的標準化、程式化勞動可以透過機器人完成，在人工智慧技術領域甚至連非標準化勞動都將受到衝擊。

正如馬克思所言：「勞動資料一作為機器出現，就立刻成了工人本身的競爭者」。牛津大學教授 Carl Benedikt Frey 和 Michael A.Osborne 就曾在兩人合寫的文章中預測，未來二十年，約 47% 的美國就業人員對自動化技術的「抵抗力」偏弱。

也就是說，白領階層同樣會受到與藍領階層相似的衝擊。媒體網站 Insider 編制了一份最有可能被人工智慧技術取代的工作類型清單，一共包含了十類工種：

一、技術工作，比如程式設計師、軟體工程師、資料分析師。ChatGPT
　　等先進技術可以比人類更快地生成程式碼，這意謂著未來可以用
　　更少的員工完成一項工作。要知道，許多程式碼具備複製性和通
　　用性，這些可複製、可通用的程式碼都能由 ChatGPT 所完成。
　　ChatGPT 製造商 OpenAI 等科技公司已經在考慮用人工智慧取代軟
　　體工程師。

二、媒體工作，比如廣告、內容創作、技術寫作、新聞。所有媒體工
　　作——包括廣告、技術寫作、新聞和任何涉及內容創作的角色——
　　都可能受到 ChatGPT 和類似形式的人工智慧的影響。究其原因，
　　ChatGPT 可以很好地讀取、寫入和理解基於文字的資料。當前，媒
　　體行業已經在試驗人工智慧生成的內容。科技新聞網站 CNET 已使
　　用 AI 工具撰寫了數十篇文章，數位媒體巨頭 BuzzFeed 已宣佈將使
　　用 ChatGPT 生成更多新內容。尤其對於一些新聞資訊類的資訊改
　　編，ChatGPT 具有獨特的優勢，不僅改編能力強，同時生成速度快。

三、法律工作，比如法律或律師助理。與媒體行業從業者一樣，律師助
　　理和法律助理等法律行業工作者需要綜合所學內容消化大量資訊，
　　然後透過撰寫法律摘要或意見使內容易於理解。這些資料本質上
　　是非常結構化的，這也正是 ChatGPT 的擅長所在。從技術層面來
　　看，只要我們給 ChatGPT 開發足夠的法律資料庫，以及過往的訴
　　訟案例，ChatGPT 就能在非常短的時間內掌握這些知識，並且其專
　　業度可以超越法律領域的專業人士。

四、市場研究分析師。市場研究分析師負責收集資料、識別和確定資料
　　趨勢，然後根據他們的研究分析來設計有效的商業戰略，包括行銷

活動或決定在何處放置廣告。而人工智慧也擅長分析資料和預測結果，並且能夠更高效率地做好這些研究分析，這使得市場研究分析師非常容易受到 AI 技術的影響。尤其是對於網際網路廣告的分析，人工智慧可以即時的追蹤廣告或者商品呈現在消費者面前時，消費者的一些表現，包括停留的時間長短，以及相關的點擊。這些更為聚焦的分析是大部分市場分析師無法做到，也是諮詢公司難以達到的精細化結果。

五、教師職業。ChatGPT 是基於龐大知識庫訓練的結果，當我們給 ChatGPT 提供足夠優秀的教學方法進行訓練之後，AI 就能根據我們所提供的優質教學樣本進行整合，並輸出更為優秀的教學方式與內容結構。這一方面可以極大的縮短由於教師之間經驗與培訓之間的差異，所造成的教師水準的差異；另外一方面還能促進教育的平等性，尤其是在知識性授課內容方面，完全可以由 AI 取代而實現線上教學。因此，對於知識性的內容來說，ChatGPT 或許將比老師做得更好。

六、財務職位。比如財務分析師、個人財務顧問。會計師、審計師、市場研究分析師、金融分析師、個人財務顧問等需要處理大量數字資料的工作將受到人工智慧的影響。尤其是在規範化的財務制度環境中，基於企業的各項經營、往來、收支等個方面的財務資料，AI 就能即時的生成財務報表，並且失誤率相對於財務人員而言更低。同樣，對於審計工作而言，AI 也可以透過對各種審計資料的閱讀，以及審計的規則，對財務報表進行審計，並得出相應的審計報告。

七、金融交易員。不僅是對於金融行業的分析師，還是對於從事金融行業的投資顧問，或是金融行業的交易人員而言，AI 都能更加即時、全面的獲取資料，並且給出基於資料的精準判斷。人工智慧可以識別市場趨勢，突出投資組合中哪些投資表現更好，哪些投資表現更差，並進行交流，然後使用各種形式的資料來預測更好的投資組合。而對於金融交易而言，只要網速之間不存在傳輸差異，基於 AI 的「交易員」將會更快、更準確的執行交易指令。

八、平面設計師。DALL-E 是一種由 OpenAI 創建的圖像生成器，可以在幾秒鐘內生成圖像，是平面設計行業的「潛在顛覆者」。比如具有一定創意性的廣告設計也正在被 AIGC 所影響。2015 年的雙十一之後，阿里巴巴的淘寶設計事業部聯合淘寶技術部、搜尋推薦演算法團隊、iDST（資料科學與技術研究院）共同成立「魯班」專案，希望以 AI 機器人代替設計師進行海報製作。在 2016 年、2017 的雙十一，魯班分別製作了 1.7 億、4 億張海報。並且阿里巴巴的魯班設計系統還擁有一鍵生成、智慧創作、智慧排版、設計拓展四種智慧設計能力。根據阿里巴巴官方預測，使用魯班設計這項人工智慧設計系統，將大幅降低商家和企業的設計成本，預計每張設計圖的價格是人工設計的 10%。目前魯班已經達到了每秒做 8000 張海報，一天可以做 4000 萬張海報的設計能力。此外，該系統還開發了商品的小影片宣傳生成技術。而這些藉助於人工智慧技術所延伸的工具，正在替代一些設計師的職業。

九、科研工作。對於任何領域的科研，我們通常是基於前人的研究基礎為依據，然後建構新的研究方向。但是我們閱讀與瞭解相關的科研內容有著一定的侷限性，我們很難像人工智慧一樣的進行龐大資料

的閱讀。而 ChatGPT 就能基於我們想要瞭解與研究的方向，只要我們能夠開發足夠的資料庫給予它，它就能以非常短的時間內閱讀完我們所提供的所有資料庫資訊，並且能夠結合這些過往研究給出一些新的研究方案。而更重要的是人工智慧不僅能夠給出研究方案，還可以進行自我推演。

比如，總部位於英國的人工智慧公司「深層思維」在 2022 年 8 月時曾宣佈，該公司開發的人工智慧程式「AlphaFold」已預測出約 100 萬個物種的超過 2 億種蛋白質的結構，涵蓋科學界已編錄的幾乎每一種蛋白質。而幾十年來，根據氨基酸序列確定蛋白質 3D 形狀一直是生物學領域的一大難題。基因與蛋白質之間好像存在著一種一一對應的關係，但是這個對應關係到底是什麼？我們人類科學家一直沒有辦法尋找到答案，或者說對這些龐大的基因與蛋白質進行計算，並找到相應的關係。直到「AlphaFold」這項 AI 出現之前，科學界仍舊沒能在學術上找到公式去描述該折疊過程。

面對這樣的問題，人工智慧就可以發揮作用。儘管目前已經獲得的蛋白質結構只有 18 萬個左右，但「AlphaFold」透過這 18 萬個結構的一一對應的關係去學習，最終在神經網路裡學習到轉換的規律，能夠準確地預測三維結構。同時，人工智慧在生物醫藥領域的應用，可極大的提高藥物研發的效率。這就是人工智慧對科研的影響，不僅僅是在生物醫藥領域。

十、客戶服務。幾乎每個人都有過給公司客服打電話或聊天，然後被機器人接聽的經歷。而 ChatGPT 和相關技術可能會延續這一趨勢，ChatGPT 或許會大規模取代人工線上客服。如果一家公司，原來需

要 100 個線上客服，以後可能就只需要 2-3 個線上客服就夠了。90% 以上的問題都可以交給 ChatGPT 去回答。因為後台可以給 ChatGPT 投喂行業內所有的客服資料，包括售後服務與客戶投訴的處理，根據企業過往所處理的經驗，它會回答它所知道的一切。科技研究公司 Gartner 的一項 2022 年研究預測，到 2027 年，聊天機器人將成為約 25% 的公司的主要客戶服務管道。

可以看見，以 ChatGPT 為代表的人工智慧對於人類社會的就業衝擊遠比我們想得廣泛，當然，與藍領有所不同的是，在會計、金融、教育、醫療等各行業，人工智慧並不是完全替代這些工種，而是改變過去人們的工作模式，由人類負責對技能性、創造性、靈活性要求比較高的部分，機器人則利用其在速度、準確性、持續性等方面的優勢來負責重複性的工作。

顯然，儘管白領階層受到衝擊並不等同於完全代替，但人工智慧的加入勢必減少更多的勞動力就業機會，以至於勞動力市場對自動化技術「抵抗力」偏弱。

與此同時，面對人工智慧的勃興，在高端研發等少數前沿創新領域，仍然延續對高技能勞動力的就業選擇偏好。這就導致在高技能與中低技能勞動力就業中出現明顯極化趨勢：對高技能勞動力，尤其是創造力與創新力領域的就業需求將會顯著提升；加劇了通用生產領域中低技能勞動力的去技能化趨勢。

根據 MIT 的研究，研究人員利用美國從 1990 年 -2007 年勞動力的市場資料分析了機器人或者自動化設備的使用對就業和工作的影響。結果發現，在美國勞動力市場上機器人使用占全部勞動力的比例，每提高

1‰ 就會導致就業的崗位減少 1.8‰-3.4‰。不僅如此，還讓工人的工資平均下降 2.5‰-5‰。技術性失業的威脅迫在眉睫。

6.4.2　創造未來就業

當然，對於自動化的恐慌在人類歷史上也並非第一次。自從現代經濟增長開始，人們就週期性地遭受被機器取代的強烈恐慌。幾百年來，這種擔憂最後總被證明是虛驚一場──儘管多年來技術進步源源不斷，但總會產生新的人類工作需求，足以避免出現大量永久失業的人群。比如，過去會有專門的法律工作者從事法律檔案的檢索工作。但自從引進能夠分析檢索海量法律檔案的軟體之後，時間成本大幅下降而需求量大增，因此法律工作者的就業情況不降反升（2000 至 2013 年，該職位的就業人數每年增加 1.1%）。因為法律工作者可以從事更為複雜的法律分析工作，而不再是簡單的檢索工作。

再比如，ATM 機的出現曾造成銀行職員的大量下崗 ──1988 至 2004 年，美國每家銀行的分支機構的職員數量平均從 20 人降至 13 人。但營運每家分支機構的成本降低，這反而讓銀行有足夠的資金去開設更多的分支機構以滿足顧客需求。因此，美國城市裡的銀行分支機構數量在 1988 至 2004 年期間上升了 43%，銀行職員的總體數量也隨之增加。

過去的歷史表明，技術創新提高了工人的生產力，創造了新的產品和市場，進一步在經濟中創造了新的就業機會。那麼，對於人工智慧而言，歷史的規律可能還會重演。從長遠發展來看，人工智慧正透過降低成本，帶動產業規模擴張和結構升級來創造更多新的就業。並且可以讓

人類從簡單的重複性勞動中釋放出來，從而讓我們人類又更多的時間體驗生活，有更多的時間從事於思考性、創意性的工作。

德勤公司就曾透過分析英國 1871 年以來技術進步與就業的關係，發現技術進步是「創造就業的機器」。因為技術進步透過降低生產成本和價格，增加了消費者對商品的需求，從而社會總需求擴張，帶動產業規模擴張和結構升級，創造更多就業崗位。

從人工智慧開闢的新就業空間來看，人工智慧改變經濟的第一個模式就是透過新的技術創造新的產品，實現新的功能，帶動市場新的消費需求，從而直接創造一批新興產業，並帶動智慧產業的線性增長。

中國電子學會研究認為，每生產一台機器人至少可以帶動 4 類勞動崗位，比如機器人的研發、生產、配套服務以及品質管理、銷售等崗位。

當前，人工智慧發展以大數據驅動為主流模式，在傳統行業智慧化升級過程中，伴隨著大量智慧化專案的落地應用，不僅需要大量資料科學家、演算法工程師等崗位，而且由於資料處理環節仍需要大量人工作業，因此對資料清洗、資料標定、資料整合等普通資料處理人員的需求也將大幅度增加。

並且，人工智慧還將帶動智慧化產業鏈就業崗位線性增長。人工智慧所引領的智慧化大發展，也必將帶動各相關產業鏈發展，打開上下游就業市場。

此外，隨著物質產品的豐富和人民生活品質的提升，人們對高品質服務和精神消費產品的需求將不斷擴大，對高端個性化服務的需求逐漸

上升，將會創造大量新的服務業就業。麥肯錫認為，到 2030 年，高水準教育和醫療的發展會在全球創造 5000 萬 -8000 萬的新增工作需求。

從崗位技能看，簡單的重複性勞動將更多地被替代，高品質技能型、創意型崗位被大量創造。這同時也意謂著，儘管人工智慧正在帶動產業規模擴張和結構升級來創造更多就業，但短期內，在中低技能勞動力就業市場背景下，人工智慧帶來的就業衝擊依然形勢嚴峻。

6.4.3 回應「替換」挑戰

人工智慧的發展帶來的不僅是一個或某幾個行業的變化，而是整個經濟社會生產方式、消費模式等的深刻變革，並進一步對就業產生巨大影響。

當然，基於人工智慧技術發展的多層次性和階段性，人工智慧對就業的替代也將是一個逐步推進的過程，而解決與協調人工智慧對就業的短期與長期衝擊，則是當前和未來應對「替換」的關鍵。

首先，應積極應對人工智慧新技術應用對就業帶來的中短期或局部挑戰，需要制定針對性措施，緩衝人工智慧對就業的負面影響。比如，把握人工智慧帶來的新一輪產業發展機遇，壯大人工智慧新興產業，藉助人工智慧技術在相關領域創造新的就業崗位，充分發揮人工智慧對就業的積極帶動作用。如何應對人工智慧的社會問題，需要的是市場的創造性。只有合適的教育機制，激勵機制，合適的人才，才能對沖人工智慧帶來就業市場的巨大衝擊。中國改革開放以來，第一重要的，就是使得千千萬萬的企業家湧現了出來。在千千萬萬的企業家推動了經濟增長的基礎上，才推動了政府修路、建橋，然後進一步幫助了企業的發展。

其次，要高度重視新技術可能對傳統崗位帶來的替代風險，重點關注中端崗位從業人員的轉崗再就業問題。實際上，人工智慧究竟消滅多少、創造多少、造出什麼新工作，不是完全技術決定的，制度也有決定性的作用。在技術快速變化的環境中，究竟有多大能力、能否靈活地幫助個人和企業創造性地開創出新的工作機會，這都是由制度決定的。

比如，失去工作的人，他的能力能否轉換？如何幫助他們轉換能力？這些也是制度需要考慮的問題。政府要足夠支援建立非政府組織，為丟掉工作的人提供訓練，幫助他們適應工作要求的變化。

最後，工作崗位是一回事，它們創造的收入又是另一回事。從人工智慧對勞動力市場的長期衝擊來看，需要密切關注人工智慧對不同群體收入差距的影響，解決中等收入群體就業與收入下降問題。

進入 21 世紀以來，一些發達國家勞動力市場呈現出新的極化現象：標準化、程式化程度較低的高收入和低收入職業，其就業占比都在持續增加；而標準化、程式化程度較高的中等收入職業，其就業占比反而趨於下降。這是一種與以往技術進步顯著不同的就業收入效應，使中等收入群體面臨著比低收入群體更尷尬的就業處境。對於這種情況，如果收入分配政策的重點仍停留在過去對高收入和低收入兩個群體的關注上，不能及時對中等收入群體給予有效重視，會極易形成人工智慧條件下新的低收入群體及分配不均，即中等收入群體因技術進步呈現出收入停滯甚至下降的特徵。

整體來說，ChatGPT 的出現將大幅加速人工智慧取代人類社會大部分工作的速度，或者說讓人類真正看到了人類社會一些工作被取代的可能。而人工智慧取代人類社會大部分的工作是科技發展的必然趨勢，尤

其是當萬物資料化之後，資料就讓資訊與決策變得有規律與有跡可循。而基於資料與資訊的決策本身就是人工智慧的強項，正如汽車取代馬車的時代來臨一樣，更有效率的人工智慧取代人類社會的大部分工作也是技術推動的必然。

面對這樣一個即將到來的人機協同的必然時代，在應對人工智慧衝擊就業上，不僅需要重新面對勞資關係進行治理，更應該從過去「強者愈強」的工業化技術邏輯中走出來，以更開闊的視野、更多維的方法、更有效的策略提前做好充分準備來回應挑戰。

6.5　ChatGPT 路向何方？

ChatGPT 會引發新一輪的時代變革，這已經是個無需再爭議的事實。但在 ChatGPT 到來前，一個亟待我們思考的問題，就是技術帶來的挑戰，這種挑戰讓我們在面對 ChatGPT 時危機並存。那麼，我們人類真的準備好了嗎？

6.5.1　ChatGPT 是善還是惡？

自古及今，從來沒有哪項技術能夠像人工智慧一樣引發人類無限的暢想，而在給人們帶來快捷和便利的同時，人工智慧也成為一個突出的國際性的科學爭議熱題，人工智慧技術的顛覆性讓我們也不得不考慮其背後潛藏的巨大危險，早在 2016 年 11 月世界經濟論壇編纂的《全球風險報告》列出的 12 項急需妥善治理的新興科技中，人工智慧與機器人技術就名列榜首。

　　由於人工智慧技術不是一項單一技術，其涵蓋面及其廣泛，而「智慧」二字所代表的意義又幾乎可以代替所有的人類活動。其中，人們最為關切的一個問題就是人工智慧的善惡問題。這個問題本身並不複雜，本質上來看，作為一種技術，人工智慧並沒有善惡之分，但人類卻有。

　　人工智慧時代以 Web2.0 作為連接點溝通著現實世界與網路虛擬世界，而許多企業卻透過收集這些龐大的資料謀取私利洩漏或進行不法利用。這就是人為的技術不中立的第一步。

　　於是，在技術創新發展的時代，曾經的私人資訊在資訊擁有者不知情的情況下被收集、複製、傳播和利用。這不僅使得隱私侵權現象能夠在任何時間、地點的不同關係中生產出來，還使得企業將佔據的資訊資源透過資料處理轉化成商業價值並再一次透過人工智慧反作用於人們的意志和欲求。這是人為的技術不中立的第二步。在這個過程中，人工智慧儼然成為了福柯意義上的一種承載權力的知識形態，它的創新伴隨而來的是控制社會的微觀權力的增長。

　　未來，隨著 ChatGPT 的進一步發展，人工智慧還將滲透到社會生活的各領域並逐漸接管世界，諸多個人、企業、公共決策背後都將有人工智慧的參與。而如果我們任憑演算法的設計者和使用者將一些價值觀進行資料化和規則化，那麼人工智慧即便是自己做出道德選擇時，也會天然帶著價值導向而並非中立。

　　說到底，ChatGPT 是人類教育與訓練的結果，它的資訊來源於我們人類社會。ChatGPT 的善惡也由人類決定。如果用通俗的方式來表達，教育與訓練 ChatGPT 正如果我們訓練小孩一樣，給它投喂什麼樣的資

料，它就會被教育成什麼類型的人。這是因為人工智慧透過深度學習「學會」如何處理任務的唯一根據就是資料，因此，資料具有怎麼樣的價值導向，有怎麼樣的底線，就會訓練出怎麼樣的人工智，如果沒有普世價值觀與道德底線，那麼所訓練出來的人工智慧將會成為非常恐怖的工具。而如果透過在訓練資料裡加入偽裝資料、惡意樣本等破壞資料的完整性，進而導致訓練的演算法模型決策出現偏差，就可以污染人工智慧系統。

有報導說 ChatGPT 在新聞領域的應用會成為造謠基地。這種看法本身就是人類的偏見與造謠。因為任何技術的本身都不存在善與惡，只是一種中性的技術。而技術所表現出來的善惡背後是人類對於這項技術的使用，比如核技術的發展，被應用於能源領域就能成為服務人類社會，能夠發電給人類社會帶來光明。但是這項技術如果使用於戰爭，那對於人類來說就是一種毀滅，一種黑暗，一種惡。

因此，ChatGPT 它會造謠傳謠，還是堅守講真話，這個原則在於人。人工智慧由人創造，為人服務，這也將使我們的價值觀變得更加重要。但 ChatGPT 的出現將會推動我們以更快的速度進入 Web3.0，人類社會將會基於數位主權的框架下發展人工智慧。不論是我們在人工智慧系統上所輸出的行為資料，還是知識資料，將會因為 Web3.0 資料主權時代的建構而成為可追蹤、可度量的價值與行為。而這種數位主權的出現，將會更加有效的促使人類在人工智慧的相互協同中更加理性、規範、文明。

6.5.2　人類的理性困境

ChatGPT 的爆發，讓人工智慧是否會取代人類也越來越成為人們爭論的交點。隨著人工智慧對於人類的可替代性越來越強，一個我們不可回避的問題是，相比於人工智慧，人類的特別之處是什麼？我們的長遠價值是什麼？

顯然，人類的特別之處不是機器已經超過人類的那些技能，比如算術或打字，也不是理性，因為機器就是現代的理性。相反，我們可能需要考慮相反的一個極端：激進的創造力、誇張的想像力、非理性的原創性，甚至是毫無邏輯的慵懶，而非頑固的邏輯。到目前為止，機器還很難模仿人的這些特質。事實上，機器感到困難的地方也正是我們的機會。

1936 年的電影《摩登時代》，就反映了機器時代，人們的恐懼和受到的打擊，勞動人民被「鑲嵌」在巨大的齒輪之中，成為機器中的一部分，連同著整個社會都變得機械化。這部電影預言了工業文明建立以後，爆發出來的技術理性危機，把諷刺的矛頭指向了這個被工業時代異化的社會。而我們現在，其實就活在了一個文明的「摩登世界」裡。

各司其職的工業文明世界裡，我們做的，就是不斷地繪製撰寫各種圖表、PPT，各種文宣彙報材料，每個人都渴望成功，追求極致的效率，可是每天又必需做很多機械的、重複的、無意義的工作，從而越來越失去自我，丟失了自我的主體性和創造力。

著名社會學家韋伯提出了科層制，即讓組織管理領域能像生產一件商品一樣，實行專業化和分工，按照不加入情感色彩和個性的公事公辦原則來運作，還能夠做到「生產者與生產手段分離」，把管理者和管理

手段分離開來。雖然從純粹技術的觀點來看，科層制可以獲得最高程度的效益，但是，因為科層制追求的是工具理性的那種低成本、高效率，所以，它會忽視人性，限制個人的自由。

儘管科層制是韋伯最推崇的組織形式，但韋伯也看到了社會在從傳統向現代轉型的時候，理性化的作用和影響。他更是意識到了理性化的未來，那就是，人們會異化、物化、不再自由，並且，人們會成為機器上的一個齒輪。

從消費的角度，如果消費場所想要賺更多的錢，想讓消費在人們生活中佔據主體地位，就必須遵守韋伯提到的理性化原則，比如按照效率、可計算性、可控制性、可預測性等進行大規模的複製和擴張。

於是整個社會目之所及皆是被符號化了的消費個體，人的消費方式和消費觀隨著科學技術的發展、普及和消費品的極大豐富和過剩，遭到了前所未有的顛覆。在商品的使用價值不分上下的情況下，消費者競相驅逐的焦點日益集中在商品的附加值即其符號價值，比如名氣、地位、品牌等觀念上的東西，並為這種符號價值所制約。在現代人理性的困境下，與其擔心機器取代人類，不如將更加迫切的現實轉移到人類的獨創性上，當車道越來越寬，人行道越來越窄，我們重複著日復一日的重複，人變得像機器一樣不停不休，我們犧牲了我們的浪漫與對生活的感知力，人類的能量在式微的同時機器人卻堅硬無比力大無窮。

所以不是機器人最終取代了人類，而是當我們終於在現代工業文明的發展下犧牲掉獨屬的創造性時，我們自己放棄了自己。Apple 總裁庫克在麻省理工學院畢業典禮上說「我不擔心人工智慧像人類一樣思考問題，我擔心的是人類像電腦一樣思考問題——摒棄同情心和價值觀並且

不計後果。」或許對未來而言，人工智慧面臨的最大挑戰並不是技術，而是人類自己。

6.5.3 技術狂想和生存真相

當然，即便是當前走紅的 ChatGPT 也只是幫助我們更有效率的生活，並不會造成《西部世界》機器人和人的對抗，也無法動搖整個工業資訊社會的結構基礎。不過，ChatGPT 的狂潮，也給了我們重新思考人類與機器關係的機會。

如果以物種的角度看，人類從敲打石器開始，就已經把「機器」納入為自身的一部分。作為一個整體的人類，早在原始部落時代就已經有了協助人們的機械工具，從冷兵器到熱兵器作戰，事實上，人們對技術的追求從未停止。

只是，在現代科學的加持下的科技擁有曾經人類想不到的驚人力量，而我們在接受並適應這些驚人力量的同時，我們又變成了什麼？人和機器到底哪個才是社會的主人？這些問題雖然從笛卡爾時代起就被很多思想家考慮過，但現代科技的快速更迭，卻用一種更有衝擊力的方式將這些問題直接拋給了我們。

難以否認，我們內心深處，在渴望控制他人的同時，也都有著擔心被他人控制的恐懼。我們都想認為，哪怕自己身不由己，至少內心依然享有某種形而上的無限自由。但現代神經科學卻將這種幻想無情地打碎了，我們依然是受制於自身神經結構的凡人，思維也依然受到先天的限制，就好像黑猩猩根本無法理解高等數學一樣，我們的思維同樣是有限並且脆弱的。

　　但我們不同於猿猴的是，在自我意識和抽象思維能力的共同作用下，一種被稱為「自我意識」的獨特思維方式誕生了，所以才有了人類追問的更多問題，但我們也不是神，因為深植於內心的動物本能作為早已跟不上社會發展的自然進化產物，卻能對我們的思維產生最根本的影響，甚至在學會了控制本能之後，整個神經系統的基本結構也依然讓我們無法如神一般全知全能。

　　縱觀整個文明史，從泥板上的漢謨拉比法典到超級電腦中的人工智慧，正是理性一直在盡一切努力去超越人體的束縛。因此，「生產力」和「生產關係」的衝突，也就是人最根本的異化，而最終極的異化，並非是指人類越來越離不開機器，而是這個由機器運作的世界越來越適合機器本身生存，而歸根結底，這樣一個機器的世界卻又是由人類自己親手創造的。

　　從某種意義上，當我們與機器的聯繫越來越緊密，我們把道路的記憶交給了導航，把知識的記憶交給了晶片，甚至兩性機器人的出現能幫我們解決生理的需求和精神的需求，於是在看似不斷前進的、更為便捷高效率的生活方式背後，身為人類的獨特性也在機械的輔助下實現了不可逆轉的「退化」。我們能夠藉助科技所做的事情越多，也就意謂著在失去科技之後所能做的事情越少。

　　儘管這種威脅看似遠在天邊，但真正可怕的正是對這一點的忽略，人工智慧的出現讓我們得以完成諸多從前無法想像的工作，人類的生存狀況也顯然獲得了改變，但當這種改變從外部轉向內部、進而撼動人類在個體層面的存在方式時，留給我們思考的，就不再是如何去改變這個世界，而是如何去接納一個逐漸機械化的世界了。

　　人類個體的機械化，其實追求的就是一個根本的目標：超越自然的束縛，規避死亡的宿命，實現人類的「下一次進化」。但與此同時，人類又在恐懼著智慧化與機械化對人類本身的物化。換言之，人類在恐懼著植入智慧化與機械將自己物化的同時，也在嚮往著透過融入資訊流來實現自己的不朽，卻在根本上忘記了物化與不朽本就是一枚硬幣的兩面，而生命本身的珍貴，或許正在於它的速朽。在拒絕死亡的同時，我們同時也拒絕了生命的價值；在擁抱資訊化改造、實現肉體進化的同時，人類的獨特性也隨著生物屬性的剝離。

　　人工智慧已經踏上了發展的加速車，在人工智慧應用越來越廣的時下，我們還將面對與機器聯繫越發緊密的以後，而亟待進化的，將是在嶄新的語境下，我們人類關於自身對世間萬物的認知。

　　我們人類將在人工智慧技術的推動下，社會將如同過往的歷次工業革命一樣，我們將迎來新的變革，人類社會將會進行新一輪的產業分工，而我們也畢將迎來新的文明。而推動人類社會文明走向何方的真正推手並不是人工智慧，而是人工智慧背後所站著的人類，是我們人類自己。

Note

Note

博碩文化

博碩文化